地下开采引起的地表移动变形预计理论与应用

Theory and Application of Prediction of Surface Movement and Deformation Caused by Underground Mining

姜 岩 Axel PREUSSE Anton SROKA Rafal MISA
高均海 杨泽发 姜 岳 徐永梅 张新国
Krzysztof TAJDUS Heinz-Juergen KATELOE Walter FRENZ 著

中国矿业大学出版社

China University of Mining and Technology Press

·徐州·

内 容 提 要

本书详细介绍了基于开采影响函数法的地表移动变形预计理论及其在相关领域的应用,重点介绍了地表移动监测方法及地表静态与动态移动变形预计的基础理论,对煤矿及石油天然气开采、盐穴储气库收缩等引起的地表移动变形问题进行了专门研究,为计算地下开采引起的地表移动变形提供了方法。本书可供相关专业研究生、科研人员和工程技术人员参考。

This book introduces the prediction theory of surface movement and deformation based on mining influence function method and its application. It also focuses on the monitoring method of surface movement and the basic theory of static and dynamic deformation prediction. In addition, it introduces the special issues of coal mining, the surface movement deformation caused by petroleum and gas exploitation, shrinkage of salt cavern gas storage, and provides solutions to calculate surface movement deformation by underground mining. Finally, this book can be used as reference for postgraduates, researchers and engineers.

图书在版编目(CIP)数据

地下开采引起的地表移动变形预计理论与应用 / 姜岩等著. — 徐州:中国矿业大学出版社,2023.10
ISBN 978-7-5646-5229-6

Ⅰ. ①地… Ⅱ. ①姜… Ⅲ. ①煤矿开采－岩层移动－研究②煤矿开采－地表位移－研究 Ⅳ. ①TD325

中国版本图书馆 CIP 数据核字(2021)第 238171 号

书　　名	地下开采引起的地表移动变形预计理论与应用
著　　者	姜　岩　Axel PREUSSE　Anton SROKA 等
责任编辑	潘俊成
出版发行	中国矿业大学出版社有限责任公司
	（江苏省徐州市解放南路　邮编 221008）
营销热线	(0516)83885370　83884103
出版服务	(0516)83995789　83884920
网　　址	http://www.cumtp.com　**E-mail**:cumtpvip@cumtp.com
印　　刷	苏州市古得堡数码印刷有限公司
开　　本	787 mm×1092 mm　1/16　**印张** 10.25　**字数** 262 千字
版次印次	2023 年 10 月第 1 版　2023 年 10 月第 1 次印刷
定　　价	120.00 元

（图书出现印装质量问题,本社负责调换）

作者简介与联系方式

姜岩(JIANG Yan)，博士、教授，曾获德国洪堡奖学金，现在山东科技大学测绘与空间信息学院从事矿山开采沉陷控制与治理的教学与科研工作。联系方式：Jiangyan@sdust.edu.cn

A.普鲁士(Axel PREUSSE)，博士、教授，现任德国亚琛工业大学矿山测量、开采沉陷及矿区地球物理研究所所长，曾任国际矿山测量协会(ISM)主席，主要从事矿山开采沉陷控制与损害修复、废弃矿井开发利用等能源开发与矿区环境保护的教学与科研工作。联系方式：Preusse@ifm.rwth-aachen.de

A.斯洛卡(Anton SROKA)，博士、教授，曾任德国弗莱贝格矿业科技大学矿山测量与大地测量研究所所长，岩土工程与采矿学院院长，现任波兰科学院岩层力学研究所教授，主要从事矿山开采地表移动变形预计及开采损害控制理论的科研与教学工作。联系方式：Sroka@imgpan.pl

R.米萨(Rafal MISA)，博士，助理教授，现在波兰科学院岩层力学研究所从事采矿地质力学和岩土工程及开采损害等科研工作。联系方式：Misa@imgpan.pl

高均海(Gao Junhai)，博士，研究员，现在中煤科工生态环境科技有限公司唐山分公司(原中煤科工集团唐山研究院有限公司矿山测量研究所)，从事矿山测量新技术、矿山开采损害监测与防治、矿区土地复垦与生态修复等科研与成果推广应用工作。联系方式：Gaojunhai@cctegts.cn

杨泽发（YANG Zefa），博士，教授，现在中南大学地球科学与信息物理学院从事工矿区 InSAR 形变监测、建模、机理解译和地质灾害风险评估的教学和科研工作。联系方式：Yangzf@csu.edu.cn

姜岳（JIANG Yue），博士，现在青岛大学研究生院主要从事矿山开采沉陷监测与预计及控制的教学和科研工作。联系方式：Jiangyue@cumt.edu.cn

徐永梅（XU Yongmei），高级实验师，现在山东科技大学测绘与空间信息学院从事矿区地质灾害防治与生态修复的教学和科研工作。联系方式：Xuyongmei@sdust.edu.cn

张新国（ZHANG Xinguo），博士，副教授，现在山东科技大学能源与矿业工程学院从事充填开采与地表沉陷控制、三下一上采煤、采空区（塌陷地）治理与生态修复等方面的教学和科研工作。联系方式：Zhangxg@sdust.edu.cn

K.泰督斯（Krzysztof TAJDUS），博士，教授，现在波兰科学院岩层力学研究所从事与采矿相关的岩体变形、采矿损害、岩体稳定、岩爆、隧道、水力压裂、煤层气等科研工作。联系方式：Tajdus@imgpan.pl

H-J.卡特洛厄（Heinz-Juergen KATELOE），博士，助理教授，现在德国亚琛工业大学矿山测量、开采沉陷及矿区地球物理研究所从事矿山开采沉陷预计理论的教学与科研工作。联系方式：Kateloe@ifm.rwth-aachen.de

　　W.弗伦茨（Walter FRENZ），博士，教授，现在德国亚琛工业大学矿山环境法研究所从事矿山法、矿山开采损害法、环境法的教学和科研工作。联系方式：Frenz＠bur.rwth-aachen.de

前　言

煤炭资源的开采在给人类带来巨大好处的同时也给生态环境带来了危害,如地下开采造成的地表沉陷而引起的土地破坏、地表建筑物损害、地下水及生态环境破坏等。矿山开采沉陷对环境的损害具有延迟性,开采损害引发了一系列环境与社会问题,即使矿井关闭后,仍有延迟的开采损害问题,开采损害不会因为矿井关闭而终止。因此,研究开采沉陷规律,控制或减缓开采损害,对实现煤炭开采与环境的可持续发展,具有重大意义。

本书详细介绍了基于开采影响函数法的地表移动变形预计理论及其在相关领域的应用,重点介绍了地表移动监测方法及地表静态与动态移动变形预计的基础理论,对煤矿及石油天然气开采、盐穴储气库收缩、地下水位变化等引起的地表移动变形计算问题进行了专门研究,为计算地下开采引起的地表移动变形提供了方法。

感谢德国亚历山大洪堡基金会(Alexander von Humboldt Stiftung/Foundation),波兰国家科学院岩层力学研究所(Strata Mechanics Reserarch Institut of the Polish Academy of Sciences),德国亚琛工业大学(Institut für Markscheidewesen,Bergschadenkunde und Geophysik im Bergbau)、德国弗莱贝格矿业科技大学(Institut für Markscheidewesen und Geodäsie)、波兰克拉科夫科技大学(Akademia Górniczo-Hutnicza)、德国煤炭股份有限公司DSK(Deutsche Steinkohle AG)、德国矿山研究院DMT(Deutsche Montan Technologie GmbH)、Emschergenosseschaft公司、中煤科工生态环境科技有限公司唐山分公司、中国矿业大学、山东科技大学、中国煤炭学会矿山开采损害鉴定技术委员会等单位与同行专家的大力支持与帮助。

本书得到山东省教学改革项目"测绘工程山东省高等学校品牌专业"和"基础学科课程建设"项目的资助。在本书的撰写过程中,笔者查阅了大量的国内外专业文献资料,同国内外专家和同行进行了多次有益的交流,吸收和参考了他们的学术思想和建议,因在书中无法作为文献列举,特此表示感谢。

作　者
2022 年 7 月

Preface(Ⅰ)

The problems related to the deformation of the rock mass and the ground surface as a result of underground mining of solid, liquid and gaseous resources presented in this book are extremely interesting and up-to-date, both in utilitarian and scientific terms. The research work started in the early 20th century in Germany on the development of methods for calculating land surface subsidence due to the mining of hard coal seams in the Ruhr region, especially in areas of large cities such as Essen and Dortmund. Work was dictated by the need to limit large mining damage to buildings and infrastructure of municipal facilities such as roads, railways, trams, water and sewage pipelines. The result of both theoretical and empirical research, based on in situ measurements, are two original geometric-integral methods given by Keinhorst (1925) and Bals (1930/31). Their application to the prediction of deformation for the designed exploitation allowed for the effective assessment of its harmful effects on objects located on the ground surface even before it was undertaken, and for carrying out the necessary protections. This contributed to a significant increase in the safety of the facilities use and increased acceptance of the mining industry by the inhabitants. The next significant stage of scientific development was research carried out at the beginning of the second half of the last century in Poland. As in Germany, they mainly concerned the method of assessing the effects of mining operations performed in large urban agglomerations, such as Bytom, Zabrze and Katowice. The research was carried out by professors of the AGH University of Science and Technology in Crakow and professors of the Strata Mechanics Institute of the Polish Academy of Sciences (IMG PAN). Here, the scientific works of professors Budryk, Knothe, Litwiniszyn, Smolarski, Salustowicz, Kochmanski and Kowalczyk should be mentioned in particular. Based on the theoretical considerations and the analysis of the results of in situ subsidence measurements, it was obtained that the so-called the influence function of the geometric-integral theories is appropriately parameterized with the Gaussian function. The Knothe theory in Poland, developed in 1951 and the Ruhrkohle method in Germany developed in 1961, are still a very visible result of these studies. These methods have been in use for 60-70 years, with minor modifications, widely used in Polish and German mining. They are used not only for deformation prediction, but also for the design of mining exploitation in the sense of minimizing its impact on construction objects located on the ground surface and the mine's own objects located in the rock mass, such as: main drifts and galleries and mine shafts. The algorithms developed for this purpose allow, among others to determine the optimal speed of exploitation and allowable breaks in its operation, optimal geometry of longwall workings and the limits of mining exploitation and the geometry of protective pillars of building structures and mine shafts.

In the 70-80s of the last century, based on Knothe's theory, solutions were created that allowed the calculation of the surface subsidence above caverns in the salt rock mass for the storage of liquid and gaseous energy resources, prediction of subsidence during oil and gas exploitation and the assessment of seismic hazard. Recent works concern a model that allows prediction of the surface uplift caused by an increase in the mine water level after the end of mining operations.

This book is the result of many years of scientific and research cooperation lasting almost 25 years. The effect of this cooperation are mutual scientific visits to China, Germany and Poland, as part of lectures and participation in organized seminars and scientific conferences, as well as joint publications in scientific journals. At the invitation of prof. Jiang Yan, I was his guest several times, the first time in 2000 in Taian, the last time in 2018 in Qingdao. Prof. Jiang Yan was a scholarship holder of the Humboldt Foundation in 2003/2004. He completed this scholarship at the Institute at the TU Bergakademie Freiberg, which I was managing at that time and with professor Axel Preusse at RWTH Aachen. In 2006, we published our first Chinese-language book on mining subsidence engineering, it was published by VGE Verlag GmbH in Essen.

I would also like to emphasize clearly that the guarantor of our long-term scientific cooperation, including the publication of this new book, is our mutual scientific respect and our long-term friendship. For that, I am very grateful to prof. Jiang Yan.

Finally，I would like to address the readers of this book and encourage them to exchange information and collaborate in research. My colleagues and I from the Strata Mechanics Institute of the Polish Academy of Sciences（IMG PAN）in Cracow，prof. Krzysztof Tajdus and PhD Rafal Misa，who are also co-authors of this book，we will be very happy to undertake such cooperation，especially with young scientists and engineers working in the mining industry.

With mining God bless you and Glückauf！

Prof. Dr.Anton Sroka

Dresden‐Cracow，28/02/2021

Preface（Ⅱ）

China has a long tradition in hardcoal mining and is still by far the biggest producer of coal with more than 50 percent of the worldwide coal production. As hardcoal is mostly extracted from underground operations, consequences are inevitable subsidences, uplifts, tilts, horizontal stresses on the surface, which can result in large mining damages to buildings and infrastructure of municipal facilities. Due to partially comparable preconditions regarding mining depth, mining methods and geological conditions, a close cooperation between German and Chinese mining subsidence engineering experts has existing since many years.

German and Polish companies and research institutions have gained know-how in all subjects of mining subsidence engineering over the past 150 years. In particular, the mechanization of mining methods in multiple seam mining and the concentration of mining activities in densely populated European metropolitan areas (e.g., Ruhr, Upper Silesian industrial region) had a very strong influence on the surface in these areas. In both regions, surface subsidence of more than 20 m has been reported until now in comparison to the original state. Underground coal mining in these regions strongly impairs all kinds of surface use such as urban and industrial development, infrastructure (e.g., roads, railways and trams, water, sewage and other pipelines) without restricting the functionality of those objects to a greater extent.

Demanding and in some cases globally unique engineering solutions such as monitoring methods (e.g., InSAR, 3D Laser Technology) and calculation methods of ground and surface movements have been developed and implemented for this purpose. The previously mentioned mining and industrial regions in Europe and China alike are still strongly characterized by the (in Europe increasingly declining) coal industry and will remain dependent to a large extent and for an indefinite period on artificial drainage measures, because subsidence that has already occurred is irreversible.

During mining activities and in order to maintain the viability of infrastructures at the ground surface, prediction methods for accurately estimating land subsidence have always been of great significance. These methods were constantly improved over the past decades, so that computerized and highly accurate ground movement models are now available. In Germany and Poland, these models were expanded in order to be able to also predict wide-ranging surface uplifts which, in the long run, might occur due to rising mine water in abandoned mine sites.

In a separate chapter of this book, special applications, such as the calculation and prediction of movements due to groundwater level changes, of mining shaft protection pillars, of salt cavern shrinkages and of the petroleum and gas exploitation, are highlighted.

Furthermore, legal issues regarding the responsibility for damages in mining areas and the mining liability are covered.

Following the first Chinese monograph " Angewandte Bodenbewegungs und Berschadenkunde" in 2006 on mining subsidence engineering, published by VGE Verlag GmbH in Essen, this second monograph is a guideline to engineers, natural scientists and even lawyers, who deal with all relevant issues of underground mining related subsidences and their effects on the surface.

I am very grateful and proud to be part of this wonderful team of authors. Beside my Chinese colleagues and my colleagues and friends from the Strata Mechanics Institute of the Polish Academy of Sciences (IMG PAN) in Cracow, I want to thank in particular my good friend Prof. Dr. Jiang Yan, whom I first met during my term abroad at Fuxin University, China in 1983. Since then we had a very fruitful research cooperation in China and Germany alike with many workshops, congresses and common publications and, moreover, I have a long-lasting friendship with him and his family.

To the readers of our new book, together with my German colleague Prof. Dr. Walter Frenz and Dr. Jürgen Kateloe and our Chinese colleagues, we are looking forward to starting discussion and collaborative research with you in this interesting field of mining subsidence engineering.

With Ni Hao and Glückauf!

Prof. Dr. Axel Preusse

Aachen in May 2021

目　　　录

CONTENTS

第 1 章　开采沉陷的研究历史及现状
1　Research history and present situation of mining subsidence

煤炭资源的开采在给人类带来巨大好处的同时又带来了危害,如地下开采造成的地表沉陷而引起的土地破坏、地表建筑物损害、地下水系及生态环境破坏等。本章概括介绍开采沉陷的研究历史,经典地表移动规律的认识过程及现代主要研究成果与文献。

Coal mining have brought great benefits to human beings, but also brought harm. For example, surface subsidence, surface buildings damage, groundwater system and ecological environment damage. It introduces the research history of mining subsidence, the classical law of surface movement and the recent researches in this chapter.

煤炭资源的开采给人类带来了巨大的好处,同时也给人类赖以生存的环境带来了危害,如地下开采造成的地表沉陷而引起的土地破坏、地表建筑物损害、地下水系及生态环境破坏等。随着煤炭工业的快速发展,对开采损害的有效控制已是当务之急,它不仅严重影响煤炭行业的自身发展,同时也影响矿区居民的生产和生活与生态环境的可持续性发展。因此,研究矿山开采地表沉陷预计方法与控制理论和技术,对煤炭安全开采、土地资源和矿区生态环境保护、矿区的可持续发展都具有重大意义。

19 世纪以前地下采煤活动规模较小,没有必要考虑开采建筑物、铁路和水体下的煤层(简称"三下")。19 世纪末至今,随着能源需求量的增加,矿区开采范围逐步扩大,"三下"采矿问题日趋严重。如何最大限度地开采地下煤层,同时又能有效地保护地面建筑物,成为工程师关注的课题。正是生产的需要诞生了开采沉陷学科,并使其在德国、波兰、英国、苏联和中国等国家得到了发展。下面概括性地介绍开采沉陷研究的发展历史。

1.1　开采沉陷的研究历史

早期的开采沉陷概念起源于比利时和法国。早在 1825 年比利时就组织专门委员会对列日城的地表损害情况进行了调查,结果表明,地表破坏主要是由地表下 90 m 深度范围内的采矿作业引起的,比利时专门委员会提出了开采影响"垂线理论",如图 1-1 所示[1]。

1839 年,为了解决比利时 LUETICH 矿区开采引起的房屋损害问题,Gonot 提出了开采影响"法线理论",如图 1-2 所示。

1882 年,奥地利 Rziha 观察了奥地利采矿区的一些现象,提出了"拱形理论",如图

1-3所示。

1903 年,Halbaum 提出了开采影响范围模型,如图 1-4 所示。

1919 年,Lehmann 提出了开采沉陷影响区域与水平变形分布示意图,如图 1-5 所示。

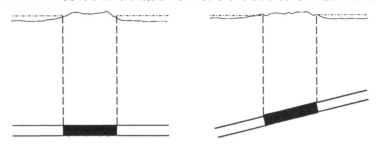

图 1-1 比利时专门委员会的垂线理论(1825～1839 年)

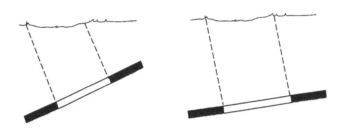

图 1-2 Gonot 的法线理论(1839 年)

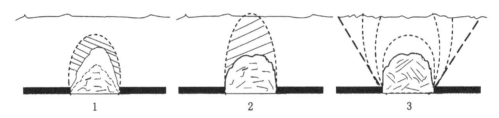

图 1-3 Rziha 的拱形理论(1882 年)

经过近百年的研究,学者们对采动影响有了较准确的认知。地下开采引起的上覆岩层移动和破坏是一个十分复杂的力学过程,当开采范围足够大时,上覆岩层将发生垮落、断裂及弯曲;当岩层移动发展到地表时,在地表形成一个比采空区范围大得多的地表下沉盆地,因相邻地表点的下沉与移动不等,产生了倾斜、曲率、拉伸、压缩、剪切、扭曲变形。以上这些形成了现代地表移动变形理论。

当开采影响地表时,根据采动程度划分地表移动变形分布规律。图 1-6～图 1-8 中的曲线分别表示:(1)下沉、(2)倾斜、(3)曲率、(4)水平移动、(5)水平变形。

水平煤层非充分采动时,主断面内地表移动变形规律如图 1-6 所示。

水平煤层充分采动时,主断面内地表移动变形规律如图 1-7 所示。

水平煤层超充分采动时,主断面内地表移动变形规律如图 1-8 所示。

地表移动与变形的函数关系为地表移动变形分析的数学基础。设任意点下沉函数为 $W(x,y)$,则沿 φ 方向的变形与移动计算模型分别为:

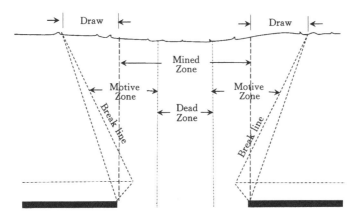

图 1-4　Halbaum 的开采沉陷影响区域示意图(1903 年)

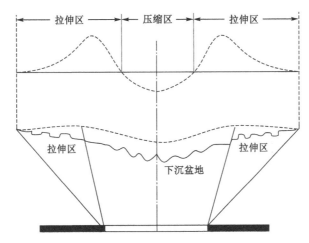

图 1-5　Lehmann 的开采沉陷影响区域与水平变形分布示意图(1919 年)

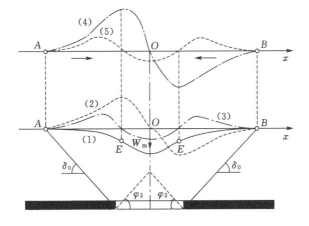

图 1-6　水平煤层非充分采动时主断面内地表移动变形规律

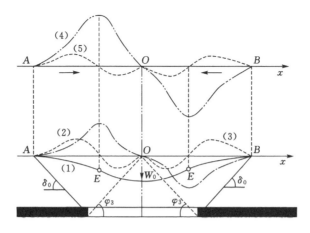

图 1-7　水平煤层充分采动时主断面内地表移动变形规律

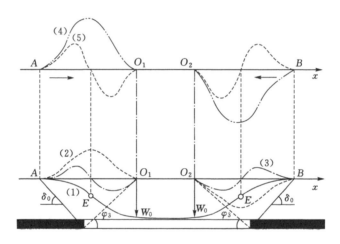

图 1-8　水平煤层超充分采动时主断面内地表移动变形规律

沿 φ 方向的倾斜：

$$i(x,y,\varphi)=\frac{\partial W(x,y)}{\partial \varphi}=\frac{\partial W(x,y)}{\partial x}\cos\varphi+\frac{\partial W(x,y)}{\partial y}\sin\varphi \qquad (1\text{-}1)$$

沿 φ 方向的曲率：

$$K(x,y,\varphi)=\frac{\partial}{\partial \varphi}i(x,y,\varphi)=\frac{\partial}{\partial x}i(x,y,\varphi)\cos\varphi+\frac{\partial}{\partial y}i(x,y,\varphi)\sin\varphi \qquad (1\text{-}2)$$

沿 φ 方向的水平移动：

$$U(x,y,\varphi)=\mathrm{br}i(x,y,\varphi) \qquad (1\text{-}3)$$

沿 φ 方向的水平变形：

$$\varepsilon(x,y,\varphi)=\mathrm{br}K(x,y,\varphi) \qquad (1\text{-}4)$$

根据观测值可以计算出最大水平拉伸变形值 ε_1 和最大水平压缩变形值 ε_2 及最大变形方向：

$$\left.\begin{array}{c}\varepsilon_{\max}\\\varepsilon_{\min}\end{array}\right\}=\frac{\varepsilon_{xx}+\varepsilon_{yy}}{2}\pm\frac{1}{2}\sqrt{(\varepsilon_{xx}-\varepsilon_{yy})^2+4\varepsilon_{xy}^2} \tag{1-5}$$

$$\varphi_0=\frac{1}{2}\arctan\frac{2\varepsilon_{xy}}{\varepsilon_{xx}-\varepsilon_{xy}} \tag{1-6}$$

任意方向 φ 的变形值：

$$\varepsilon_{\varphi}=\varepsilon_{xx}\cos^2\varphi+\varepsilon_{xy}\cos 2\varphi+\varepsilon_{yy}\sin^2\varphi \tag{1-7}$$

长壁工作面开采地表下沉盆地不同位置的水平变形分布如图 1-9 所示[2]。

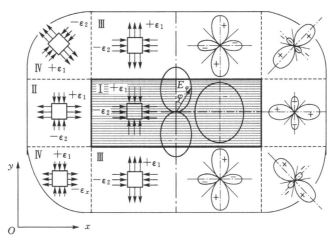

图 1-9　下沉盆地水平变形分布图

1.2　地表移动变形计算

1.2.1　早期研究成果

在 19 世纪末，德国鲁尔区煤炭开采引起地表沉陷，地表河流无法自然流淌，导致地表大量积水，形成大面积的积水区。为了改善生存环境，重新开发利用沉陷土地，需要疏干沉陷区的积水。为防止地表沉陷区被水淹没，1899 年成立了 Emschergenossenschaft 公司，对地表下沉进行了观测，并做了下沉计算，这项工作促进了开采沉陷学科的发展[3]。德国学者的早期研究成果分别为[4]：Keinhorst 提出了有关开采沉陷的分区计算方法；Bals(1931) 对 Keinhorst 的早期学说做了改进，将影响区域划分为不同的区域，以获得更高的准确性；Schleier(1937) 将 Bals 的假说扩展到倾斜煤层；Perz(1948) 将时间因素纳入下沉计算公式，地表沉陷研究由静态发展到动态。1947 年，苏联学者 Авершин(阿维尔辛) 提出了水平移动与地面倾斜成正比的著名观点[5]，这个论断是地表水平移动变形计算的基础，直到目前仍得到广泛的应用。

1.2.2　1950 年后的主要研究成果

1950 年前后，英国国家煤炭委员会制定了广泛的科学研究和调查计划，在英国进行了多次实地调查,详细测量了许多不同采矿和地质条件下的矿区地表下沉、水平移动、地表变形和倾斜。英国煤炭局对大量的地表移动实测资料进行了整理,出版了《地面沉陷工程师手册》[6],该手册在世界范围内被广泛采用。

1951 年,波兰 Knothe 根据实际观测提出了影响函数法[7],把正态分布作为影响函数。该方法对近水平煤层的下沉描述十分成功,直到目前仍是应用最广泛的地表下沉预计方法。1954 年,波兰 Litwiniszyn 把岩层视为不连续介质,将岩层移动视作一个随机过程,提出了随机介质理论[8]。

我国的开采沉陷研究工作从中华人民共和国成立后才开始。1953 年,北京矿业学院矿山测量教研室聘请苏联专家,首次为青年教师和研究生讲授岩层与地表移动课程。1955 年,岩层与地表移动作为一门专业课程正式成为中国第一届矿山测量专业大学生的专业课程[9]。1954 年,开滦矿区设立了我国第一个地表移动观测站。1956 年成立了全国唯一的矿山测量专业研究机构,原名为唐山煤炭科学研究院矿山测量研究室,1963 年该研究室根据实测资料分析,建立了地表下沉盆地的负指数形式剖面函数[10]。1965 年,刘宝琛等建立了概率积分法[11],该方法在国内已成为预计地表移动变形的主要方法[12-14]。自 20 世纪 50 年代末以来,开采沉陷的理论研究受到了越来越多的关注,国内外有多位学者应用连续介质力学理论和数字模拟及现代非线性科学理论研究开采沉陷问题[15-17],如应用有限元(FEM)、边界元(BEM)和离散元(DEM)研究地表沉陷与覆岩破坏,应用分形、神经网络、模糊数学等理论研究开采沉陷的预测问题。随着计算机技术的飞速发展,数值模拟技术将会越来越多地应用于开采沉陷的预测。

1.2.3　学术出版概况

创刊于 1885 年的德国 *Das Markscheidewesen*(《矿山测量》)出版了大量专业论文,历史上许多重要的论文都发表在该刊物上。A.H.Goldreich(1913)出版专著 *Die Theorie der Bodensenkungen in Kohlengebieten*(《矿区地表下沉理论》)[1],Niemczyk(1949)出版了 *Bergschdenkunde*(《矿山开采损害学》)大学教材[18]。1974 年,德国 H.Kratzsch 出版了德文版《矿山开采损害学》[2],1978 年被翻译成俄文,1983 年被翻译成英文,1984 年被翻译成中文,2008 年出版了德文第五修订版[3],该书已成为该领域的经典专著。1989 年,英国 B.N.Whittaker 等出版了 *Subsidence Occurrence-Prediction and Control* 专著[19],较系统地介绍了国际上煤矿开采沉陷的发展概况与研究成果。1995 年,美国 G.V.Chilingarian 等出版了 *Subsidence due to Fluid Withdrawal*[20],重点研究了非固体矿床开采引起的地表下沉问题。2008 年,Syd S Peng 出版了《煤矿围岩控制》(*Coal Mine Ground Control*)[21],其中有专门章节研究地表下沉问题。近年来,我国在该领域发展迅速,取得了大量的研究成果,出版了大量学术著作[22-26]。

回顾开采沉陷研究的发展史,可以看出,人们对开采沉陷的认识经历了从简单到复杂、从静态到动态、从宏观现象到作用机制的过程,国内外众多的科技工作者和工程技术人员在矿山开采沉陷学的发展过程中作出了重要贡献。由于开采沉陷问题受到不同的采矿环境和各种因素的影响,目前还没有一种预测模型可以对每个沉陷问题做出完全正确的预计,因此,需要应用先进的测绘技术对沉陷过程进行更加精细的观测研究,建立更加科学实用的预计模型。

本章参考文献

[1]　GOLDREICH A H.Die theorie der bodensenkungen in kohlengebieten[M].Berlin：Julius Springer,1913.

[2]　KRATZSCH H.Bergschadenkunde[M].Berlin：Springer,1974.

[3]　RALF PETERS.100 jahre wasserwirtschaft im revier[M].Essen：Verlag Peter Pomp,1999.

[4]　KRATZSCH H.Bergschadenkunde[M].5 Edition.Herne：Deutscher Markscheider_Verein e.V,2008.

[5]　阿威尔辛.煤矿地下开采的岩层移动[M].北京矿业学院矿山测量教研组,译.北京：煤炭工业出版社,1959.

[6]　英国煤炭局.地面沉陷工程师用手册[M].董其逊,译.北京：煤炭工业出版社,1980.

[7]　SAS J.Silva rerum profesora stanialawa knothego[M].Krakow：Wydawnictwa AGH,2013.

[8]　LITWINISZYN J.Stochastic methods in mechanics of granular bodies[M]//Stochastic Methods in Mechanics of Granular Bodies.Vienna：Springer Vienna,1974：5-9.

[9]　汪云甲.中国矿山测量60年：1953—2013[M].北京：测绘出版社,2016.

[10]　吕泰和.井筒与工业广场煤柱开采[M].北京：煤炭工业出版社,1990.

[11]　刘宝琛,廖国华.煤矿地表移动的基本规律[M].北京：中国工业出版社,1965.

[12]　何国清,杨伦,凌赓娣,等.矿山开采沉陷学[M].徐州：中国矿业大学出版社,1991.

[13]　邓喀中,谭志祥,姜岩.变形监测及沉陷工程学[M].徐州：中国矿业大学出版社,2014.

[14]　胡炳南,张华兴,申宝宏.建筑物、水体、铁路及主要井巷煤柱留设与压煤开采指南[M].北京：煤炭工业出版社,2017.

[15]　刘宝琛.矿山岩体力学概论[M].长沙：湖南科学技术出版社,1982.

[16]　麻凤海.岩层移动及动力学过程的理论与实践[M].北京：煤炭工业出版社,1997.

[17]　于广明.矿山开采沉陷的非线性理论与实践[M].北京：煤炭工业出版社,1998.

[18]　NIEMCZYK O.Bergschadenkunde[M].Essen：Verlag Glückauf,1949.

[19]　WHITTAKER B N,REDDISH D J.Subsidence occurrence, prediction and contro[M].Amsterdam：Elsevier,1989.

[20]　CHILINGAR G V,DONALDSON E C,YEN T F.Subsidence due to fluid withdrawal[M].Amsterdam：Elsevier Science,1995.

[21]　SYD S PENG.煤矿围岩控制：Coal mine ground control[M].北京：中国科学出版社,2008.

[22]　煤炭科学研究院北京开采研究所.煤矿地表移动与覆岩破坏规律及其应用[M].北京：煤炭工业出版社,1981.

[23]　邹友峰,邓喀中,马伟民.矿山开采沉陷工程[M].徐州：中国矿业大学出版社,1989.

[24]　姜岩,PREUSSE A,SROKA A.应用地表移动与矿山开采沉陷学[M].ESSEN：德国矿业出版社,2006.

[25] 滕永海,唐志新,郑志刚.综采放顶煤地表沉陷规律研究及应用[M].北京:煤炭工业出版社,2009.

[26] 谭志祥,邓喀中.建筑物下采煤理论与实践[M].徐州:中国矿业大学出版社,2009.

第 2 章 矿区地表下沉监测方法

2 Monitoring methods of surface subsidence in mine areas

地表移动和变形受多种地质、采矿因素的影响,是一个十分复杂的时空力学过程,所以最可靠的监测方法是实地观测。常用的监测方法概括起来可以分为以下几类:传统大地测量方法,三维激光扫描以及 InSAR 等监测技术。本章在概述其他监测技术的同时,对 InSAR 与激光扫描技术进行重点介绍。

Ground surface movement and deformation in mining areas, which is a complex space-time mechanical process, depends on multiple geological and mining factors. Consequently, the most reliable way to obtain surface movement and deformation is field observation. The common in situ methods at present for monitoring ground surface deformation in mining areas can be divided into the following categories (1) traditional geodesy; (2) 3D laser scanning; (3) InSAR. This chapter will outlines these monitoring methods, especially focusing on InSAR and laser scanning technologies.

2.1 矿区地表下沉监测方法概述

2.1.1 传统大地测量方法

地下开采导致的地表形变是一个复杂的时空变化过程,传统大地测量方法在对开采导致的地表形变进行监测时,主要采用的手段是在现场布设地表移动观测站进行实地观测。地表移动观测站通常设置在沿煤层走向和倾向布设的两条观测线上,两条观测线垂直交叉。为了确定地表沉陷的预计参数和角量参数,两条观测线通常布设在煤层开采的走向和倾向主断面上,而且观测线两端的部分测站应处于开采沉陷的影响范围之外[1-3]。在地表移动观测站的建立以及运行的全过程中,涉及连接测量、全面测量、巡视测量以及日常观测等多个阶段的数据采集和处理工作,以确定各观测站控制点的平面坐标、高程、各测点间的距离及其偏离观测线方向的支距以及获得地表观测站处地表的形变发育动态过程等。全面测量和日常观测在矿区生产过程中的数据采集作业最为频繁,《煤矿测量规程》对观测程序做出了严格的要求[4]。

传统大地测量技术在矿区下沉监测方面拥有悠久的历史,经过不断发展和改良,至今仍被广泛应用,其主要监测手段有:水准测量、经纬仪、测距仪、全站仪以及测量机器人监测,全球定位系统(Global Navigation Satellite System,GNSS)监测等。这些测量手段在矿区形变监测中的共同特点是通过对每一个观测站控制点进行精密单点监测,可以满足变形监测的不同精度要求,能够对不同形变量级的形变体进行监测。但是,矿区地表形变监测较为频繁,工作环境艰苦,数据采集任务量和工作强度较大。比如,在矿区地表形变活跃期,对观测线上所有测站的全面监测(平面测量和三等水准测量)和日常观测(主要实施等水准观测)必须在一日内完成[5],如此大的作业强度,需要消耗巨大的人力、物力资源,使得基于传统大地测量技术的矿区地表形变监测的成本居高不下。

随着近代科技的不断发展以及变形监测的客观需求,出现了以测量机器人、GNSS 监测为代表的近代大地测量新技术。测量机器人实际上是自动全站仪 RTS(Robotic Total Station)的俗称,可以自动寻找目标,不需要进行人工瞄准。该技术的出现大大降低了形变监测的工作量,并可以提高监测精度。但是,该技术自动识别目标的有效距离一般不超过 1 km,监测范围有限,且监测速度的限制决定了该技术的监测效率不高。在矿区等复杂地形条件下,各测点之间保持通视的条件一般很难满足,这也大大限制了这一技术在矿区地表形变监测中的应用前景。与基于地面测站点间相互观测的水准测量、全站仪及其改良技术等测量手段相比,GNSS 技术具有监测周期短、劳动强度低、精度高、点位之间无须通视等优点,具备良好的自动化和集成性能,通过同时接收全球导航卫星星座发射的多普勒信息,可以实现地表单点精密定位。在 GNSS 单点定位基础上发展的 RTK 技术,依靠设置的地表基准 GNSS 站或 CORS 站为参考,利用移动站进行测点监测,可以获得厘米级精度的地表观测点三维位置坐标信息。但是与该技术获得的水平位置信息相比,其垂向观测精度较低,也是基于地表单点进行监测,需要进行人工实地测量,成本较高,得到结果的空间分辨率较低。

综上所述,传统大地测量方法在矿区地表形变监测中已经得到了长足的发展,监测技术手段和自动化程度也不断提升。但是,传统大地测量方法都不可避免地需要人工进行野外实地测量,这不仅会消耗大量的人力物力,现场工作人员的人身安全也存在一定的风险。此外,传统大地测量方法都是基于单点的监测,其监测成果的时空分辨率与人力物力成本之间的矛盾很难两全。因此,观测线以及观测站设置得合理与否,各单点监测数据是否准确可靠,将直接决定矿区地表形变监测结果是否准确,能否对矿区形变进行准确描述和建模。而且,对于地质构造环境复杂的矿区,其地下开采导致的地表形变在空间分布上很可能具有普遍异质性和局部突变性。因此,基于单点监测的传统大地测量手段在矿区地表形变监测上拥有一定的局限性。

2.1.2 数字近景摄影测量技术

作为摄影测量的一个重要分支,数字近景摄影测量技术从 20 世纪 70 年代至今经历了模拟近景摄影测量、解析近景摄影测量、数字近景摄影测量三个阶段[6]。经过不断发展,其在高精度三维测量以及变形监测等领域已经得到了广泛应用。传统数字近景摄影测量的核心是以人眼的"双视几何"为基础建立的共线方程理论。随着近年来计算机视觉等理论和技术的飞速发展,由于摄影测量与计算机视觉之间本质的相似性,即"二维视图,三维成像",两者的结合发展变得越来越密切。

与传统大地测量方法相比,数字近景摄影测量是一种基于光线的非接触型遥感观测方法,可以快速、安全、高效地获得观测目标的连续三维模型数据场。相比于传统大地测量技术,数字近景摄影测量技术在形变监测中能够快速乃至实时地对待监测目标进行监测,获得其面域的点云坐标,从而得到对应监测时刻待监测目标的三维地形场。通过与外部数据进行对比分析或对多个观测时期得到的目标三维地形数据进行处理,即可得到待监测地区地表三维形变场。

目前,数字近景摄影测量技术在矿区开采导致的地表形变以及滑坡监测等方面已经取得一定的成果。但由于技术本身的不完善和矿区地表植被等覆盖物以及建(构)筑物复杂多变等因素,基于光线的数字近景摄影测量技术很难获得矿区地表完整的地形信息,且监测精度不高。因此,将数字近景摄影测量技术与计算机视觉、InSAR 等技术联合进行矿区地表形变监测是一个重要的发展趋势。

2.1.3　三维激光扫描技术

三维激光扫描技术是 20 世纪 80 年代中期出现的一项高新技术,它通过高速激光扫描测量,可以对被测对象进行大面积、高分辨率的地表监测,获得目标的三维坐标数据[6]。该技术使传统的单点采集数据变为连续自动获取数据,提高了测量的效率,为获取空间信息,快速建立目标的三维模型提供了一种全新的技术手段[7]。三维激光扫描系统根据搭载平台的不同,可以分为机/空载型、地基移动型(如车载型等)以及地基静态型(如站载型等)。

三维激光扫描技术相对于传统大地测量方法,具有监测时间短、数据信息量大、效率高、无须埋设地面观测站等特点,从而避免了测点容易被破坏的问题。而且,三维激光扫描技术可以监测矿区全盆地的形变,避免了观测线以及观测站无法准确布设在开采沉陷盆地主断面上而导致盆地最大形变值难以获取的问题。与数字近景摄影测量技术相比,三维激光扫描技术具有更高的工作效率,且后续数据处理工作也相对更加简便容易[9]。在矿区地表监测方面,三维激光扫描技术已经在矿区地形测量、下沉监测、水平移动监测、地表建(构)筑物变形监测、边坡变形监测、土地复垦监测等多种测量中得到了广泛应用[10]。但是,该技术在应用中仍然存在一定的局限性,监测过程中会受通视条件、地形、地物、地表植被以及积水等因素的影响,且监测范围有限。

2.1.4　InSAR 技术

合成孔径雷达干涉测量(Interferometric Synthetic Aperture Radar,InSAR)技术是 20 世纪末逐渐发展起来的一种新型主动微波遥感技术,具有全天候、全天时、低成本、大范围、高空间分辨率、非接触等传统大地测量手段无法比拟的优势。根据搭载平台的不同,有星载、机载和地基等多种类型的 InSAR 测量平台。目前,地基 SAR 系统在滑坡监测、大型建(构)物形变监测、露天矿边坡形变监测等方面已经取得成功应用。但是,由于目前的地基 SAR 系统价格比较昂贵,且监测范围有限,只能对特定区域进行监测,很大程度上制约了该系统的大范围使用。自 1978 年 SEASAT 星载 SAR 卫星发射为始,星载 SAR 卫星技术得到了快速发展,星载 SAR 卫星数据成为目前 InSAR 监测地表形变的主要观测数据源,如表 2-1 所示。在丰富的星载 SAR 卫星数据的基础上,InSAR 技术在变形监测、地质灾害调查中发挥着越来越重要的作用,并发展了一系列算法。

表 2-1 现有星载 SAR 卫星系统类型及主要参数[11]

SAR 传感器	运行起止时间	重访周期 /d	工作波段 /波长(cm)	幅宽/km	分辨率 /(方位向×距离向)	入射角
SEASAT	1978.06～1978.10	17	L(23.5)	100	25 m×25 m	20°～26°
SIR-A	1981.11～1981.11	—	L(23.5)	50	40 m×40 m	47°
SIR-B	1984.10～1984.10	—	L(23.5)	50	40 m×40 m	15°～64°
ERS-1	1991.07～2000.03	35,3,168	C(5.63)	100	30 m×30 m	20°～26°
JERS-1	1992.02～1998.10	44	L(23.5)	75	18 m×18 m	35°
ERS-2	1995.04～2011.09	35,3	C(5.63)	100	30 m×30 m	20°～26°
RADARSET-1	1995.11～2013.03	24	C(5.63)	Fine:50	9 m×(8,9) m	37°～47°
				Standard:100	28 m×(21～27) m	20°～49°
				ScanSAR:500	28 m×(23,27,35) m	20°～45°
ENVISAT	2002.03～2012.04	35,30	C(5.63)	AP model:58～110	30 m×(30～150) m	15°～45°
				Image:58～110	30 m×(30～150) m	15°～45°
				Wave:5	10 m×10 m	15°～45°
				GM:405	1 km×1 km	17°～42°
				WS:405	150 m×150 m	17°～42°
ALOS-1	2006.01～2011.05	46	L(23.5)	Single/dual pol:70	10 m×(7,14) m	8°～60°
				Quad-pol:30	10 m×24 m	8°～30°
				ScanSAR:350	100 m×100 m	18°～43°
TerraSAR-X	2007.06 至今	11	X(3.11)	HR Spotlight:10	1 m×(1.5～3.5) m	20°～55°
				Spotlight:10	2 m×(1.5～3.5) m	20°～55°
				Stripmap:30	3 m×(3～6) m	20°～45°
				ScanSAR:100	26 m×16 m	20°～45°
COSMO -SkyMed	2007.06 至今	24	X(3.12)	Spotlight:10	1 m×1 m	25°～50°
				Stripmap:30～40	3～15 m	25°～50°
				ScanSAR:100～200	30～100 m	25°～50°
RADARSAT-2	2007.12 至今	24	C(5.63)	Spotlight:20	0.8 m×(2.1～3.3) m	20°～49°
				Stripmap:20～150	(3～25.6) m×(2.5～42.8) m	20°～60°
				ScanSAR:300～500	(46～113) m×(43～183) m	20°～49°
TanDEM-X	2010.06 至今	11	X(3.11)	HR Spotlight:10	1 m×(1.5～3.5) m	20°～55°
				Spotlight:10	2 m×(1.5～3.5) m	20°～55°
				Stripmap:30	3 m×(3～6) m	20°～45°
				ScanSAR:100	26 m×16 m	20°～45°

表 2-1(续)

SAR 传感器	运行起止时间	重访周期/d	工作波段/波长/(cm)	幅宽/km	分辨率/(方位向×距离向)	入射角
Sentinel-1A	2014.04 至今	12	C(5.63)	Strip map:80	5 m×5 m	20°~45°
				IW:250	5 m×20 m	29°~46°
				EW:400	20 m×40 m	19°~47°
				Wave model:20	5 m×5 m	22°~35°/ 35°~38°
ALOS-2	2014.05 至今	14	L(23.5)	Spotlight:25	1 m×3 m	8°~70°
				Strip map:50/70	3 m,6 m,10 m	
				ScanSAR:350/490	100 m/60 m	
Sentinel-1B	2016.04 至今	12	C(5.63)	Strip map:80	5 m×5 m	20°~45°
				IW:250	5 m×20 m	29°~46°
				EW:400	20 m×40 m	19°~47°
				Wave model:20	5 m×5 m	22°~35°/ 35°~38°
GF-3	2016.08 至今	29	C(5.63)	12 种模式:10~650	1~500 m	10°~60°

2.2　InSAR 技术基本原理

InSAR 技术发展初期主要用于获取地表数字高程模型,但自从 1989 年 Gabriel 等提出差分 InSAR(Differential InSAR,DInSAR)概念并将其用于地表形变监测[12],该技术被广泛关注和研究。目前,除 DInSAR 以外,已有多种 InSAR 技术被发展和应用于地表形变监测,主要包括多孔径干涉测量(Multi-Aperture InSAR,MAI)、像素偏移量追踪(Offset-Tracking,OT)、时序 InSAR(Multi-Temporal InSAR,MT-InSAR)等。需要说明的是,虽然 OT 技术也可基于干涉相位获取偏移量,但目前绝大多数情况下仍然基于 SAR 强度信息获取地表形变信息。因此,严格来说,OT 不应该属于 InSAR 技术。但为了便于描述,以下将 DInSAR、MAI、OT 和 MT-InSAR 统称为 InSAR 技术,并简要介绍其基本原理。

2.2.1　DInSAR 基本原理

DInSAR 技术通过去除或削弱 InSAR 干涉相位中的地形、轨道、噪声等相位贡献,从而实现地表形变相位的分离。目前,InSAR 干涉模式可大致分为三类:距离向干涉测量、方位向干涉测量和重复轨道干涉测量。本节以其中最常见的重复轨道干涉测量模式为例,简介 DInSAR 技术的基本原理。

假设有覆盖同一地区且雷达成像几何存在微小差异的两景单视复数(Single Look Complex,SLC)SAR 影像。在经过影像配准后,即可利用影像复数信号共轭相乘获得地表干涉相位图,其中,任一像素的干涉相位 φ_{int} 大致可表示为:

$$\varphi_{int} \approx \varphi_{flat} + \varphi_{topo} + \varphi_{defo} + \varphi_{orbit} + \varphi_{atm} + \varphi_{noise} + 2k\pi \qquad (2\text{-}1)$$

式中，$\varphi_{flat} = -\dfrac{4\pi}{\lambda} \cdot B_{\parallel}$，表示两景 SAR 影像的平行基线 $B_{\parallel}$ 引起的平地相位分量，λ 为雷达波长；$\varphi_{topo} = -\dfrac{4\pi}{\lambda} \cdot \dfrac{B_{\perp} h}{R_0 \sin\theta}$，表示地表高程相位，$B_{\perp}$ 为两景 SAR 影像的垂直基线，h 表示地表高程，R_0 表示 SAR 传感器到地面观测值点之间的距离，θ 为 SAR 传感器的入射角；$\varphi_{defo} = -\dfrac{4\pi}{\lambda} d_{LOS}$，表示地表雷达视线（line-of-sight，LOS）向形变 d_{LOS} 引起的干涉相位；φ_{orbit}、φ_{atm} 和 φ_{noise} 分别表示轨道误差相位、大气延迟相位和失相关噪声相位；$2k\pi$ 表示干涉相位的缠绕部分，k 为整周模糊度。

为了获得地表形变，公式(2-1)中除形变相位 φ_{defo} 之外的其他相位贡献（即 φ_{flat}、φ_{orbit}、φ_{topo}、φ_{noise}、φ_{atm} 和 $2k\pi$）均需要被去除（削弱）或解算。为此，平地相位 φ_{flat} 和轨道相位贡献 φ_{orbit} 可根据 SAR 影像的轨道资料模拟去除；噪声相位 φ_{noise} 可利用多视和滤波等方法削弱；大气延迟相位 φ_{atm} 的长波部分可利用多项式拟合、外部数据或理论模型模拟并削弱；整周模糊度 k 可利用相位解缠算法求解；地形相位 φ_{topo} 可基于地表高程数据模拟并去除。其中，根据地表高程数据的来源不同可将 DInSAR 技术分为二轨法（two-pass）、三轨法（three-pass）和四轨法（four-pass）三种，具体原理见文献[13]。在去除（削弱）或解算出公式(2-1)中除形变相位 φ_{defo} 之外其他相位分量之后，便可估计地表沿着 LOS 方向的形变，即 $d_{LOS} = -\varphi_{defo} \cdot \lambda / 4\pi$。

2.2.2 MAI 基本原理

针对 DInSAR 技术只能监测得到地表真实三维形变在 LOS 向的几何投影，而对地表沿卫星飞行方向形变信息不敏感的问题，Bechor 和 Zebker 于 2006 年提出了多孔径雷达干涉测量（Multiple Aperture InSAR，MAI）技术[14]。MAI 技术利用 SAR 卫星对地物目标进行监测的过程中，SAR 传感器前视和后视两种不同的成像过程对地物目标沿方位向位移具有一定敏感度的原理，从接收到的 SAR 数据中分离出这两种成像过程中获得的信号并进行干涉测量，从而得到地表沿卫星飞行方向的干涉位移图。该技术的核心思想是对 SAR 影像进行子孔径分割，从每景全分辨率 SAR 影像中分割出前视和后视两景子孔径 SLC 影像（图 2-1）。根据输入数据类型的不同，MAI 影像分割主要有两种方法：一种是 Bechor 和 Zebker 提出的基于 SAR RAW 数据进行分割的方法[14]，另一种是 Barbot 等提出的基于聚焦后的全分辨率 SLC 影像进行分割的技术[15]。在利用 MAI 技术进行数据处理时，可根据获得的数据类型不同而进行灵活选择使用哪种影像分割方案。

利用子孔径分割技术，一个常规 InSAR 干涉对的主、从影像可以分别分割成前视和后视两景 SLC 影像，从而可以生成前视和后视两个干涉对：

$$\begin{cases} \varphi_f = M_f \cdot S_f^* \\ \varphi_b = M_b \cdot S_b^* \end{cases} \qquad (2\text{-}2)$$

其中，φ_f 和 φ_b 分别表示前视和后视干涉相位；M_f、M_b、S_f 和 S_b 分别表示主、从影像分割的前视和后视 SLC 影像。对前视和后视干涉图再做一次差分干涉，就可以得到地表沿卫星飞行方向的形变信息，即：

$$\varphi_{\mathrm{def}}^{\mathrm{orb}} = \varphi_{\mathrm{f}} \cdot \varphi_{\mathrm{b}}^{*} \tag{2-3}$$

MAI 技术基于带通滤波技术将全分辨率 SAR 影像进行分割,生成前视和后视两景子孔径 SLC 影像。由于前、后视 SLC 影像是由全孔径的一半带宽信号合成的,其分辨率将会降低为原来的 1/2,一般可以采用 Shannon 采样方法恢复子孔径 SLC 影像的分辨率。但由于 MAI 技术是一种基于相位差分干涉提取形变信息的测量方式,且对干涉噪声非常敏感,因此该技术在应用中受到诸多限制。尤其对于开采沉陷监测而言,由于矿区大多位于非城区,地表植被覆盖和建(构)筑物变化较大,导致矿区地表的相干性通常不高,所以该技术在矿区形变监测中的成功应用案例较少。

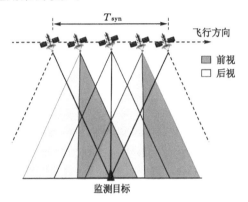

图 2-1　SAR 成像过程中前视和后视示意图(改自文献[16])

2.2.3　OT 基本原理

像素偏移量追踪(Offset-Tracking,OT)是一种基于两景 SAR 影像进行像素偏移量配准追踪得到地表沿 LOS 方向和飞行方向二维形变的方法。该技术根据获取 SAR 影像像素偏移量方式的不同可大致分为两类:① 基于 SAR 影像强度信息的互相关方法[17];② 基于 SAR 影像干涉条纹可见性的相干性追踪方法[18]。由于后者对干涉相位相干性较为敏感,因此其实际适用范围远不如前者广。在下文中,如无特别说明,OT 技术均指基于 SAR 影像强度信息的交叉互相关方法。本节将以基于 SAR 影像强度信息的互相关 OT 技术为例简要介绍其基本原理。

首先,根据 SAR 影像的轨道数据和强度等信息粗配准(像元级精度)两景 SAR 影像。然后,通过选取一定尺寸(比如 64 像素×64 像素)窗口,并基于粗配准的主、从影像窗口内的强度信息进行互相关分析,从而获得两景 SAR 影像在 LOS 向 R_{obs} 和方位向 A_{obs} 亚像元级的配准偏移量。该配准偏移量大致包括:

$$\begin{cases} R_{\mathrm{obs}} \approx R_{\mathrm{defo}} + R_{\mathrm{orbit}} + R_{\mathrm{error}} \\ A_{\mathrm{obs}} \approx A_{\mathrm{defo}} + A_{\mathrm{orbit}} + A_{\mathrm{error}} \end{cases} \tag{2-4}$$

式中,R_{defo} 和 A_{defo} 表示斜距向和方位向形变分量引起的像素偏移量;R_{orbit} 和 A_{orbit} 表示两景 SAR 影像空间基线在距离向和方位向引起的配准偏移量;R_{error} 和 A_{error} 表示距离向和方位向的偏移量误差。

在公式(2-4)中,轨道配准偏移量 R_{orbit} 和 A_{orbit} 通常可根据 SAR 影像轨道数据、多项式

拟合等方式模拟去除;偏移量误差 R_{error} 和 A_{error} 可利用滤波等手段削弱。值得注意的是,对于长波长(比如 L 波段)的 SAR 影像,配准偏移量中可能还包含有电离层延迟导致的亚像元级像素偏移量。此时,可通过多项式拟合或方向滤波等方法对其进行削弱或消除。最后,根据斜距向和方位向的形变偏移量即可估计地表在 LOS 向和方位向的二维形变分量。

基于 SAR 影像强度信息的交叉互相干 OT 技术独立于干涉相位,且无须相位解缠。因此,该技术能够同时获取地表沿着 LOS 向和方位向的大量级二维形变,有效地克服了 DInSAR 技术无法获得地表大量级 LOS 形变的局限。OT 技术获取的形变精度(约为 $\frac{1}{30}$ ~ $\frac{1}{10}$ 像素)很大程度上取决于所用 SAR 影像的空间分辨率以及影像的纹理特征。因此,在利用该技术监测矿区地表二维大形变时应尽量选择波长较短(纹理特征更清晰)且分辨率较高的 SAR 数据。

2.2.4　MT-InSAR 基本原理

MT-InSAR 技术是基于 DInSAR 技术发展而来的高级时序 InSAR 技术,旨在克服 DInSAR、OT 以及 MAI 等技术只能获取两景影像期间的地表形变,而非形变时间序列的问题,同时削弱单干涉对处理结果中可能存在的时空失相干和大气延迟等的影响。MT-InSAR 技术利用覆盖同一地区的多景 SAR 影像进行时序形变分析,可以极大地降低大气延迟、地形残差、单干涉对解算误差等导致的测量误差,使得形变监测结果的可靠性和精度得到显著提升,在城市地表下沉监测、大型建(构)筑物形变监测、工矿区地表形变监测、地震、火山、冰川等形变监测以及相关物理参数反演中发挥越来越重要的作用。MT-InSAR 技术一开始是应用干涉图的 Stacking 技术提取地表时序形变,经过近年来的不断发展,当前的 MT-InSAR 技术主要分为两大类:基于单主影像的 PS-InSAR 技术,基于多主影像的 SBAS-InSAR 技术,如表 2-2 所示。

表 2-2　代表性 MT-InSAR 算法[19]

MT-InSAR 算法	基线配置	初选点方法	形变模型	解缠方法
InSAR Stacking	小基线	空间相干系数	空间相关模型,线性模型	一维(假设解缠)+二维(最小二乘)
PS-InSAR	单基线	幅度离差	线性模型	一维(周期图)+二维(平差集成)
SBAS-InSAR	小基线	空间相干系数	空间相关模型,线性模型	二维(MCF)+一维(SVD)
CT	小基线	空间相干系数	线性+非线性模型	一维(周期图+SVD)+二维(平差集成)
IPTA	单基线	幅度离差	线性模型	一维+二维(分块、分级构网)
STUN	单基线	幅度离差+信噪比	线性+非线性模型	一维+二维(整体最小二乘+MCF)
StaMPS	单基线/小基线	幅度离差	空间相关模型,线性模型	一维(周期图)+二维(基于概率模型)

表 2-2(续)

MT-InSAR 算法	基线配置	初选点方法	形变模型	解缠方法
PSP	单基线	幅度离差	线性模型	一维(周期图)＋二维(临近点逐步扩展)
SqueeSAR	单基线	幅度离差＋同质点滤波	线性模型	一维(周期图)＋二维(平差集成)
TCP-InSAR	小基线	幅度离差＋空间相干系数	线性＋非线性模型	一维(假设解缠,最小二乘)＋二维(平差集成)
QPS	基线子集	幅度离差	线性模型	一维(周期图)＋二维(平差集成)
Geodetic PSInSAR	单基线	幅度离差	线性＋非线性模型	一维＋二维(整体最小二乘＋假设检验)
PSIG	小基线	幅度离差	空间相关模型	二维＋一维
SL1MMER	单基线	强度	线性＋非线性模型	提前去大气,一维(压缩感知算法＋叠掩散射体)
Tomo-PSInSAR	单基线	幅度离差＋强度	线性＋非线性模型	一维(波束形成法＋叠掩散射体)＋二维(岭估计平差)

　　基于单主影像的 PS-InSAR 技术经过近年来的不断改进和发展,在其基础上发展起来的算法主要包括 IPTA、STUN、StaMPS、PSP、SqueeSAR、QPS、Geodetic、PSInSAR、SL1MMER 和 Tomo-PSInSAR 等[19]。该技术主要以空间上离散分布的稳定高相干点目标为监测对象,因此,其监测得到的地表形变场受失相干等噪声的影响较小,监测精度较高。但是该技术对影像数量的要求较大,且由于其单一主影像的构网特点以及其独特的形变相位解算机制,PS-InSAR 技术可探测的形变量级有限。因此,该技术容易因影像数量有限和形变量级较大等而无法实施。

　　与 PS-InSAR 技术互补,基于多主影像的 SBAS-InSAR 技术可以适应影像数量有限的情况,通过组成不大于设定的时空基线阈值的小基线干涉对数据集进行联合求解,SBAS-InSAR 技术可以有效地减小时空失相干、地形相位以及大气延迟相位等的影响。在 SBAS-InSAR 技术思想理念的基础上发展起来的算法主要有基于全分辨率 SAR 影像的 SBAS、CT、StaMPS、TCP-InSAR、PSIG 等[19]。基于多主影像的 SBAS-InSAR 技术,由于其干涉对的组成形式更为灵活,且是基于解缠后的差分干涉图进行求解,其可探测的形变量级相对 PS-InSAR 技术更大。但是,SBAS-InSAR 技术为了减小噪声等的影响,大多会进行多视处理,这将不可避免地造成监测分辨率的降低。比如,对于 ALOS PALSAR 的原始 SLC 影像,其单元像素的地距向：方位向分辨率大致为 7.5 m：3.2 m,当以 2：4 的多视因子进行多视处理后,单元像素分辨率变为 15 m：12.8 m。

　　随着 PS 和 SBAS 技术的不断发展,有学者相继提出将基于小基线集思想选取干涉对和相干点目标选取方法相结合的技术,在增加观测量的同时,提高了解算精度。本节只对 PS-InSAR 和 SBAS-InSAR 的基本思想进行简要阐述,感兴趣的读者可以阅读相关参考文献做进一步的深入学习。

（1）PS-InSAR 技术

PS-InSAR 技术的基本原理是利用覆盖同一地区的多景 SAR 影像，经过配准、差分干涉等操作后统计分析影像内各像元在时间序列上幅度和相位信息的稳定性，选取不受时间和空间基线去相关影响的稳定高相干点目标（即 PS 候选点）。利用 Delaunay 三角网或不规则三角网等建立 PS 候选点之间的连接关系，构建的稀疏格网中相邻 PS 点间的相位梯度可以表示为：

$$\Delta\varphi_{diff} = \left(\frac{4\pi}{\lambda}T \cdot \Delta v + \frac{4\pi}{\lambda}\frac{B_\perp}{R\sin\theta}\Delta h\right) + \frac{4\pi}{\lambda}\Delta R_{non\text{-}linear} + \Delta\varphi_{APS} + \Delta\varphi_{noise} \tag{2-5}$$

其中，$\delta = \frac{4\pi}{\lambda}\Delta R_{non\text{-}linear} + \Delta\varphi_{APS} + \Delta\varphi_{noise}$ 记为残余相位；Δv 和 Δh 表示地表线性形变速率和高程残余分量；T 和 $B_\perp$ 分别表示主从影像的时间和空间基线；R 表示目标与卫星之间的斜距；$\Delta R_{non\text{-}linear}$、$\Delta\varphi_{APS}$ 和 $\Delta\varphi_{noise}$ 分别表示干涉信号中包含的非线性形变、大气延迟和噪声等信号分量。

经典 PS-InSAR 技术中，通常通过求取基线的模型相关系数 γ 的最大值来确定 Δv 和 Δh 的值[20]，即：

$$\gamma = \left|\frac{1}{K}\sum_{i=1}^{K}(\cos\Delta\eta_i + j \cdot \sin\Delta\eta_i)\right| = \text{maximum} \tag{2-6}$$

式中，$j = \sqrt{-1}$；K 表示干涉图的个数；$\Delta\eta_i$ 为第 i 个干涉对中观测值与拟合值之差，即：

$$\Delta\eta_i = \Delta\varphi_{diff,i} - \left(\frac{4\pi}{\lambda}T \cdot \Delta v + \frac{4\pi}{\lambda}\frac{B_\perp}{R\sin\theta}\Delta h\right) \tag{2-7}$$

当得到每一个 PS 点上的线性形变速率和高程残余后，从初始差分干涉相位中去除它们，就可以得到残余形变 δ。在残余形变中，主要包括非线性形变、大气延迟和噪声等。通常根据非线性形变和大气延迟在时间域和空间域的频谱特征差异对其进行区分。通过对残余相位在时间域和空间域进行滤波，可以将大气延迟相位分离出来。得到大气延迟相位后，就可以对其利用 Kriging 插值得到每景 SAR 影像中每一个像素上的大气延迟相位。从原始差分干涉图中减去大气延迟相位，再次选取 PS 候选点并进行时序形变分析，即可得到更精确的形变估计量。

（2）SBAS-InSAR 技术

SBAS-InSAR 技术的基本原理是将覆盖同一地区的 $K+1$ 景 SAR 影像（令所有影像获取时间按照从前到后的顺序表示为 $t = [t_0, t_1, \cdots, t_K]^T$）配准重采样到统一坐标系统后进行小基线集构网解算。SBAS-InSAR 技术首先根据设定的时空基线阈值生成 M 个时空基线均小于该阈值的小基线 InSAR 干涉对。其中：

$$\frac{K+1}{2} \leqslant M \leqslant K \cdot \frac{K+1}{2} \tag{2-8}$$

然后，利用 DInSAR 技术处理所有小基线 InSAR 干涉对，从而获取 M 个多时相 LOS 向形变观测相位 $\Delta\boldsymbol{\varphi} = [\Delta\varphi_1, \Delta\varphi_2, \cdots, \Delta\varphi_M]$。每一个干涉对差分相位可表示为：

$$\Delta\varphi = \varphi_{def} + \varphi_{top} + \varphi_{atm} + \varphi_{noi} \tag{2-9}$$

其中，$\varphi_{def} = \varphi_{linear} + \varphi_{nonlinear}$，表示地表线性和非线性形变相位；$\varphi_{top}$ 表示地形残差相位；φ_{atm} 和 φ_{noi} 分别表示大气延迟相位和噪声相位。根据预设的相干性阈值选出 SAR 影像范围内

的高相干点。为了防止解算结果出现不连续现象,保证解算结果的物理意义,在求解形变时对各高相干点的形变速率进行求解。SBAS 是基于对各高相干点进行逐点解算系统计算的技术,因此,我们以其中任一高相干点的解算为例,令该高相干点在时间相邻 SAR 影像期间的线性形变速率为 V,则线性形变速率 V 与多时域 LOS 向形变观测相位 $\Delta\varphi$ 之间的观测方程可表示为:

$$\Delta\varphi = B \cdot X + \varepsilon \tag{2-10}$$

式中,$X = [V \quad \Delta z]^{\mathrm{T}}$,$\Delta z$ 表示地形残差;ε 为方程组误差项;B 是一个 $M \times 2$ 的系数矩阵,其具体形式取决于 InSAR 干涉对的构网与 SAR 影像的获取时间,即假设 $\Delta\varphi_1 = \varphi_3 - \varphi_1$,$\Delta\varphi_2 = \varphi_4 - \varphi_1$,则:

$$B = \begin{bmatrix} \dfrac{4\pi}{\lambda} \cdot (t_2 - t_0) & \dfrac{4\pi}{\lambda} \cdot \dfrac{B_{\perp 1}}{r \cdot \sin\theta} \\ \dfrac{4\pi}{\lambda} \cdot (t_3 - t_0) & \dfrac{4\pi}{\lambda} \cdot \dfrac{B_{\perp 2}}{r \cdot \sin\theta} \\ \vdots & \vdots \end{bmatrix} \tag{2-11}$$

若可用 InSAR 干涉对来源于同一个小基线数据集且覆盖所有 SAR 影像的获取时间段,则可基于公式(2-10)利用最小二乘或加权最小二乘算法求解形变速率 $\hat{V}$。若可用 InSAR 干涉对来源于多个不同的小基线数据集,则可用奇异值分解(Singular Value Decomposition,SVD)算法对形变速率 $\hat{V}$ 进行求解。在解出形变速率 $\hat{V}$ 和地形残差相位后,依据大气延迟相位在时空域的特征,对残余相位进行时间高通滤波和空间低通滤波,分离出大气延迟相位并从残差中去除。残差的剩余部分即可认为主要是地表非线性形变相位。将其与解算出的线性形变部分在时间域进行累加,即可得到地表时序形变。

2.3　InSAR 矿区地表形变监测方法

InSAR 技术作为一种基于面域测量的监测技术,其高空间分辨率、全天时、全天候等特征决定了其在矿区地表形变监测中可以更全面、更精确地获取矿区地表形变信息。尤其随着近年来星载 SAR 卫星监测数据的种类和数量不断增多,各种先进的 InSAR 形变监测算法的不断发展,极大地推进了 InSAR 技术在矿区地表形变监测中的应用。基于此背景,本节重点介绍近年来 InSAR 技术在矿区地表形变监测中的技术进展。

2.3.1　InSAR 矿区一维/二维形变监测方法

在矿区形变监测领域,InSAR 技术的应用相对较晚。直至 1996 年,Carnec 等[21] 才首次基于 ERS SAR 数据和 DInSAR 技术获取了法国 Gardane 附近因煤矿开采导致的地表形变。在此之后,DInSAR 矿区地表形变监测和应用成了一个新的研究热点。即便如此,目前 DInSAR 技术应用于矿区形变监测仍然存在许多问题,比如:① DInSAR 技术对相位噪声非常敏感,且地表大量级形变梯度很容易造成严重干涉条纹混叠和相位失相干,目前利用 DInSAR 技术几乎无法准确监测矿区地表大量级形变(如米级)。② DInSAR 技术易受相位时空失相干、大气延迟等因素的影响,从而削弱监测的形变精度。由于大部分矿区分布在郊区和/或山区,其时空失相关和大气延迟的影响(特别是时空失相关)会比城区更为严重。

此外,DInSAR 技术仅能获得两景 SAR 影像期间的地表差分形变,而无法获取形变的时间序列。③ 目前,SAR 传感器斜视成像的机制导致 DInSAR 形变观测值为一维 LOS 向形变,而非地表真实三维形变。这些问题和局限均制约了 DInSAR 技术在矿区的应用。

为了克服 DInSAR 无法监测地表大形变的问题,基于 SAR 强度影像的像素偏移量追踪技术应运而生。与基于干涉相位的 DInSAR 不同,OT 技术可直接从 SAR 强度影像的配准偏移量中估计地表沿着 LOS 向和方位向的非模糊(无须相位解缠)二维大形变(比如几米甚至几十米)。然而,受 SAR 影像分辨率、轨道误差、搜索窗口不合适、最优化误差等因素的影响,OT 技术获取形变在相干性较好地区的精度远低于 DInSAR 技术的精度。因此,当对开采引起的大量级地表形变进行监测时,OT 技术可作为 DInSAR 的有效补充。

然而,DInSAR 和 OT 技术等都只是对单干涉对观测数据进行处理,其只能获取组成干涉对的两景 SAR 影像期间的地表形变信息,不能反映地表动态形变特征。为了克服该局限,MT-InSAR 技术应时而生。该技术不仅可提供地表变形随时间的演化过程(即动态形变),而且一定程度上克服了 DInSAR 易受时空失相关和大气延迟等因素影响的问题。当前的 MT-InSAR 技术主要有基于单主影像的 PS-InSAR 技术和基于多主影像的 SBAS-InSAR 技术等。由于大部分矿区位于农村或城市郊区且地表形变速率通常较大,其地表时空变化较剧烈,利用 InSAR 技术进行形变监测时,通常会受到较严重的时空失相干噪声影响。因此,基于单主影像的 PS-InSAR 技术监测得到的矿区地表时序形变结果中 PS 点通常较少。而基于多主影像的 SBAS-InSAR 技术通过设置一定的时空基线阈值,组成时空基线不大于给定阈值的小基线数据集,可以减小地表覆盖物时空变化引起的失相干等噪声的影响。

此外,由于 InSAR 技术可探测的形变梯度有限,而矿区开采导致的地表形变通常具有影响范围小、形变量级大等特点,因此,InSAR 技术在矿区地表形变监测中的应用范围有限。为解决 InSAR 技术的这一局限,目前已有学者基于 OT 技术和 SBAS 技术的核心思想提出了 OT-SBAS 方法。该方法通过计算 SAR 强度影像各像素的偏移量获得地表形变信息(可同时获得地表 LOS 向和方位向的二维大量级形变),并利用 SBAS 思想将该技术发展到时序上,从而可探测矿区地表大量级二维时序形变。为描述简便,统一将 OT-SBAS 算法归结到 MT-InSAR 技术中。

目前,PS-InSAR、SBAS-InSAR 或基于二者的改进 MT-InSAR 算法已被广泛应用于矿区地表时序形变监测。然而,由于矿区地表形变速度通常较快,量级较大,基于多主影像的 SBAS-InSAR 通常比基于单主影像的 PS-InSAR 更适合矿区时序形变监测。

然而,DInSAR、OT 以及 MT-InSAR 等技术均受 SAR 传感器斜视成像的限制,这些技术也仅能从单一轨道(简称"单轨")SAR 数据中获取矿区地表沿着 LOS 和/或方位向的一维/二维形变,而无法估计地表真实的三维或三维时序形变,极大地制约了 InSAR 技术在矿区地表形变监测中的实际应用。

2.3.2　InSAR 矿区三维形变监测方法

InSAR 监测得到的地表形变 d_{LOS} 是地表垂直、东西和南北三维形变分量(分别用 U、E 和 N 表示)在雷达 LOS 方向的一维投影,即:

$$d_{LOS} = U \cdot \cos\theta + N \cdot \sin\theta \sin\alpha_h - E \cdot \sin\theta\cos\alpha_h \tag{2-12}$$

其中，θ 和 α_h 分别为 InSAR 观测量的雷达入射角和方位角。由单轨 InSAR 一维形变观测量估计地表三维真实形变存在秩亏问题。因此，增加额外的观测方程是目前 InSAR 矿区地表三维形变估计的主要思路。

目前，InSAR 技术在矿区地表三维形变监测中应用较为广泛的方法主要可分为两类：基于多轨道 SAR 数据联合解算的方法；基于 DInSAR/OT＋矿区形变先验模型的方法。下面主要对这两种方法进行介绍。

（1）多轨道 SAR 数据联合解算矿区地表三维形变

该方法解算矿区地表三维形变的主体思路是基于雷达成像几何具有显著差异的多轨道 InSAR 干涉对，利用 DInSAR、MAI 和 OT 等技术获得各多轨 SAR 干涉对的一维/二维形变观测值，从而增加额外的观测方程进行约束，进而解决观测方程的秩亏问题。根据观测量的获取方式不同，该方法可以细分为多轨 DInSAR 观测法、多轨 DInSAR＋MAI/OT 观测法和多轨 OT 观测法三类。这三类方法均是对多轨 SAR 数据进行处理，从而对得到的多个观测几何形变分量进行联合解算，得到地表真实三维形变。下面以多轨 DInSAR 观测法为例，对该方法基本原理进行说明。

首先利用 DInSAR 技术从三个或以上不同雷达成像几何的多轨道/多平台 InSAR 干涉对中获得矿区地表 LOS 向形变 $[d_{\text{obser}}^1, d_{\text{obser}}^2, \cdots, d_{\text{obser}}^k]$，其中 k 表示获得的观测量的个数，$k \geqslant 3$。之后，对各轨道数据监测得到的形变量进行坐标系统统一后，组成如下方程：

$$\begin{bmatrix} d_{\text{obser}}^1 \\ d_{\text{obser}}^2 \\ \vdots \\ d_{\text{obser}}^k \end{bmatrix} = \begin{bmatrix} \cos \theta^1 & \sin \theta^1 \sin \alpha_h^1 & -\sin \theta^1 \cos \alpha_h^1 \\ \cos \theta^2 & \sin \theta^2 \sin \alpha_h^2 & -\sin \theta^2 \cos \alpha_h^2 \\ \vdots & \vdots & \vdots \\ \cos \theta^k & \sin \theta^k \sin \alpha_h^k & -\sin \theta^k \cos \alpha_h^k \end{bmatrix} \begin{bmatrix} W \\ N \\ E \end{bmatrix} \tag{2-13}$$

其中，θ^i 和 α_h^i 分别表示第 i 个观测值的入射角和飞行方位角。最后，基于公式（2-13）利用最小二乘或加权最小二乘算法等求解矿区地表三维形变。基于该种方法，目前已有部分成功案例，有兴趣的读者可以阅读相关文献[22-27]。

（2）DInSAR/OT＋矿区形变先验模型方法解算矿区地表三维形变

与多轨道 SAR 数据联合解算方法的思路不同，DInSAR/OT＋矿区形变先验模型方法利用矿区地表三维形变之间的先验比例关系构建额外约束，以增加观测方程的解算条件，解决 InSAR 一维形变观测量解算矿区地表三维形变时的秩亏问题。通过增加矿区地表三维形变之间的理论约束方程，这种方法可以仅利用一个一维/二维形变观测量即可估计出矿区地表三维形变。

由于矿区地表形变量级的不同以及 InSAR 技术监测地表形变方面的局限性，这种方法可以根据数据处理方法的不同细分为"DInSAR＋先验模型观测法"和"OT＋先验模型观测法"两类。其中，前者适用于形变速率较缓、量级较小的矿区地表形变监测；后者适用于形变速率较快、量级较大的矿区地表形变监测，两者互为补充。本节以"DInSAR＋先验模型观测法"为例，对该方法的基本原理进行简要说明。

已有研究表明，在水平或近水平煤层开采条件下，矿区地表水平移动与对应方向下沉梯度之间呈线性比例关系[28]。基于该先验模型，Li 等构建了矿区地表沿东西和南北方向的水平形变分量 E 和 N 与对应方向的垂直下沉梯度 ΔW_E 和 ΔW_N 之间的理论约束方程[29]：

$$\begin{cases} E(i,j) = B_E(i,j) \cdot \Delta W_E(i,j) \\ N(i,j) = B_N(i,j) \cdot \Delta W_N(i,j) \end{cases} \tag{2-14}$$

其中，$\Delta W_E(i,j) = \dfrac{W(i,j) - W(i,j+1)}{\Delta E}$；$\Delta W_N(i,j) = \dfrac{W(i+1,j) - W(i,j)}{\Delta N}$；$B_E(i,j) = B_N(i,j) = b \cdot r(i,j)$，为东西和南北方向下沉梯度 ΔW_E 和 ΔW_N 的比例系数，b 和 r 分别为矿区水平移动系数和主要影响半径，一般可根据待监测矿区实际开采条件确定；ΔE 和 ΔN 分别表示影像沿东西和南北方向的分辨率；(i,j) 表示形变图的像素坐标，并假设该形变图的大小为 n 行 m 列，即 $i = 1, 2, \cdots, n$，$j = 1, 2, \cdots, m$。

将式(2-14)代入式(2-13)中，可得：

$$\boldsymbol{d}_{\text{LOS}} = \begin{bmatrix} \cos\theta + [\cos(\alpha - 3\pi/2)/\Delta N - \sin(\alpha - 3\pi/2)/\Delta E] \cdot b \cdot r \cdot \sin\theta \\ -b \cdot r \cdot \cos(\alpha - 3\pi/2) \cdot \sin\theta/\Delta N \\ b \cdot r \cdot \sin(\alpha - 3\pi/2) \cdot \sin\theta/\Delta E \end{bmatrix}^{\text{T}} \cdot \begin{bmatrix} U(i,j) \\ U(i+1,j) \\ U(i,j+1) \end{bmatrix} \tag{2-15}$$

在矿区边缘区域，由于形变量级很小，该模型基于矿区边缘形变主要为垂直下沉的假设，在忽略水平移动的情况下将 LOS 向形变转换到垂直向，即

$$d_{\text{LOS}}(i,j) = \cos\theta(i,j) \cdot U(i,j) \quad (i = n \text{ 或 } j = m) \tag{2-16}$$

联立式(2-15)和式(2-16)，并将观测方程写成矩阵形式，可得：

$$\begin{bmatrix} \boldsymbol{A}_1 & \boldsymbol{A}'_1 & & & \\ & \boldsymbol{A}_2 & \boldsymbol{A}'_2 & & \\ & & \ddots & & \\ & & & \boldsymbol{A}_{n-1} & \boldsymbol{A}'_{n-1} \\ & & & & \boldsymbol{A}'' \end{bmatrix} \cdot \begin{bmatrix} \boldsymbol{U}_1 \\ \boldsymbol{U}_2 \\ \vdots \\ \boldsymbol{U}_n \end{bmatrix} = \begin{bmatrix} \boldsymbol{d}_{\text{LOS1}} \\ \boldsymbol{d}_{\text{LOS2}} \\ \vdots \\ \boldsymbol{d}_{\text{LOS}n} \end{bmatrix} + \begin{bmatrix} \boldsymbol{\varepsilon}_{U1} \\ \boldsymbol{\varepsilon}_{U2} \\ \vdots \\ \boldsymbol{\varepsilon}_{Un} \end{bmatrix} \tag{2-17}$$

其中，垂直下沉 $\boldsymbol{U}_i = [U(i,1) \quad U(i,2) \quad \cdots \quad U(i,m)]^{\text{T}}$；

LOS 向形变 $\boldsymbol{d}_{\text{LOS}i} = [d_{\text{LOS}}(i,1) \quad d_{\text{LOS}}(i,2) \quad \cdots \quad d_{\text{LOS}}(i,m)]^{\text{T}}$；

残差向量 $\boldsymbol{\varepsilon}_{Ui} = [\varepsilon_U(i,1) \quad \varepsilon_U(i,2) \quad \cdots \quad \varepsilon_U(i,m)]^{\text{T}}$；

$$\boldsymbol{A}_i = \begin{bmatrix} C_1(i,1) & C_2(i,1) & & & \\ & C_1(i,2) & C_2(i,2) & & \\ & & \ddots & & \\ & & & C_1(i,m-1) & C_2(i,m-1) \\ & & & & C_4(i,m) \end{bmatrix};$$

$\boldsymbol{A}'_i = \text{diag}[C_3(i,1) \quad C_3(i,2) \quad \cdots \quad C_3(i,m) \quad 0] \quad (i = 1, 2, \cdots, n-1)$；

$\boldsymbol{A}'' = \text{diag}[C_4(n,1) \quad C_4(n,2) \quad \cdots \quad C_4(n,m)]$；

$C_1(i,j) = \cos[\theta(i,j)] + [\cos(\alpha - 3\pi/2)/\Delta N - \sin(\alpha - 3\pi/2)/\Delta E] \cdot b \cdot r(i,j) \cdot \sin[\theta(i,j)]$；

$C_2(i,j) = -b \cdot r \cdot \cos(\alpha - 3\pi/2) \cdot \sin\theta/\Delta N$；

$C_3(i,j) = b \cdot r \cdot \sin(\alpha - 3\pi/2) \cdot \sin\theta/\Delta E$；

$C_4(i,j) = \cos[\theta(i,j)]$。

当构建出式(2-17)的观测方程组后，可以利用迭代回归求解的方式对矿区全盆地下沉形变进行求解，即：

$$\begin{cases} \hat{U}_n = (A'')^{-1} \cdot d_{\text{LOS}n} \\ \hat{U}_{n-1} = (A_{n-1})^{-1} \cdot (d_{\text{LOS}n-1} - A'_{n-1}\hat{U}_n) \\ \hat{U}_{n-2} = (A_{n-2})^{-1} \cdot (d_{\text{LOS}n-2} - A'_{n-2}\hat{U}_{n-1}) \\ \qquad\qquad\cdots\cdots \\ \hat{U}_1 = (A_1)^{-1} \cdot (d_{\text{LOS1}} - A'_1\hat{U}_2) \end{cases} \tag{2-18}$$

求解出矿区地表垂直下沉形变后,矿区地表水平移动形变可以根据垂直下沉形变和式 (2-14)进行求解,从而得到矿区地表三维形变场。基于该方法目前已经有大量的成功应用 案例[29-32],图 2-2 所示为利用该方法解算出的某矿区地表三维形变场。

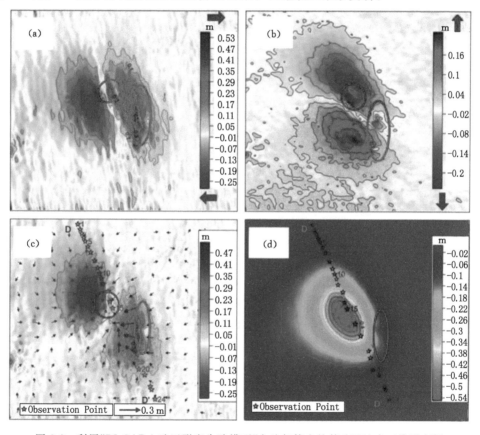

图 2-2　利用"DInSAR＋矿区形变先验模型"方法解算出的某矿区地表三维形变场
图(a)(b)(d)分别为矿区地表沿东西、南北和垂直方向的三维形变场;
图(c)为水平移动场,其中箭头表示各像元水平移动的大小和方向[33]。

与基于先验模型的矿区地表三维形变估计方法不同,基于多轨道 SAR 数据融合解算的 方法不需要先验模型的辅助,可以直接求解出矿区地表三维形变场。理论上,该方法的应用 范围更广,但在开采沉陷实际应用中,该方法存在许多制约和不足,比如:① 该方法至少需 要两个或以上具有显著几何差异的 InSAR 干涉对,该要求不仅增加监测成本,而且在实际 应用中难以满足;② 该方法假设多轨 InSAR 观测值获取期间矿区地表三维形变量值是不变或者线性变化的,该假设对于形变速率较快且高度非线性的矿区形变而言难以满足,从而严重削弱监测的三维形变精度;③ 由于当前 SAR 卫星均为近南北向飞行,导致该方法估计的沿南北方向的形变解算精度非常差。

与基于多轨道 SAR 数据融合解算方法相比,基于先验模型的矿区地表三维形变估计方法存在以下优势:① 减少了对 InSAR 数据的严苛要求,节约了矿区三维形变监测成本(节约一半以上);② 仅用一个 InSAR 干涉对,因此不需要假定矿区地表变形为线性,提高了监测精度;③ 引入了先验模型约束,一定程度上能提高南北方向水平移动估计精度。然而,该方法同样存在以下局限:① 由于此类方法需要利用先验模型构建额外约束,因此,获取的矿区地表三维形变精度除了受 LOS 和方位向形变精度影响之外,还受到了先验模型可靠性的影响。在先验模型不吻合的地方(比如出现较大的台阶或裂缝的区域),该方法获取的地表三维形变精度不高(特别是水平方向)。② 该方法使用的先验模型是基于矿区地下水平或近水平煤层开采导致的三维形变推导而来的,因此,对于急倾斜煤层开采等导致的地表三维形变区域则无法使用。③ 该方法无法应用于露天矿开采导致的地表三维形变。

鉴于以上分析,当矿区地表形变较为缓慢,且获得了至少三个具有显著几何差异的 InSAR 干涉对时,推荐使用基于多轨道 SAR 数据联合解算方法获取矿区地表三维形变。但当 InSAR 干涉对无法满足要求时,推荐使用基于 DInSAR/OT+矿区形变先验模型方法(特指煤矿开采)。

2.3.3　InSAR 矿区三维动态形变监测方法

如 2.3.2 中所述,InSAR 矿区地表三维形变监测方法均只能监测到矿区地表在 SAR 数据覆盖时段内的地表三维形变信息。尤其是受 InSAR 数据时空失相关以及矿区地表形变高度非线性等因素的影响,基于多轨道 SAR 数据的矿区地表三维形变监测方法在对矿区地表三维形变进行解算时,不可避免地会在解算过程中引入时空域的数据内插而导致的误差。因此,发展基于 InSAR 技术的矿区地表三维动态形变监测方法显得尤为重要。

目前,InSAR 矿区地表三维时序形变监测方法主要可以分为两类:① 基于多轨道 SAR 数据集的融合解算方法;② 时序 InSAR/OT+矿区形变先验模型解算方法。下面将分别对其进行介绍。

(1)融合多轨道 SAR 数据集的监测方法

融合多轨道 SAR 数据集的矿区地表三维形变监测方法主要基于不同轨道 SAR 数据集观测几何的差异性和获取时间的相似性对一维 LOS 向 DInSAR/OT 观测值进行联合解算,从而在解决方程组秩亏的同时,得到矿区地表动态三维形变场。但是,受当前星载 SAR 卫星对南北方向形变不敏感的制约,该数据融合方法通常基于升降轨 InSAR 数据集,在忽略南北向动态形变的前提下对地表垂直向和东西向二维动态形变进行估计。在基于该方法的矿区地表三维动态形变监测方面,目前的成功案例不多。2013 年,Samsonov 等[24]利用升降轨 ERS 和 ENVISAT 数据获取了德国和法国边境老采空区残余的垂直和东西方向的二维动态形变。2015 年,He 等基于单轨 PALSAR 数据[26],利用 DInSAR、MAI 和 SBAS-InSAR 实现了露天矿垂直和南北方向动态形变监测。但这些研究存在以下问题和不足:① 未能完整地估计矿区地表三维动态形变,且获取的二维形变量级也较小(几厘米到十几厘米每年);② 这些方法仍需假定地表三维动态形变呈线性演化,其与矿区地表高度非线性形变特征相矛盾。

(2) 时序 DInSAR/OT＋矿区地表形变先验模型解算方法

如前所述,基于 DInSAR/OT＋矿区地表形变先验模型的方法只能获取两景 SAR 影像观测期间的矿区地表三维形变,而无法获取三维形变的时间序列。而且,该方法中观测值误差(特别是粗差)、模型误差和先验参数误差等误差源也容易降低其估计的三维形变精度。因此,已有学者利用添加矿区形变先验模型约束的思路提出矿区地表动态三维形变监测方法。2018 年,Yang 等基于 SBAS-InSAR 和加权最小二乘平差算法将基于单时相 DInSAR＋矿区形变先验模型的方法扩展到基于单轨 InSAR 数据集的矿区地表三维动态形变监测[31],该方法基于 DInSAR 监测技术,因此,主要适合于对矿区地表形变速率较小区域进行监测。同年,Yang 等利用 SBAS-InSAR 和稳健估计思想将基于单时相 OT＋矿区形变先验模型的方法扩展到基于单轨 SAR 强度影像集的矿区地表三维动态形变监测中[32],该方法基于 OT 监测技术,因此可对矿区地表动态大量级形变进行监测。两种方法原理相近,互为补充,本文以"基于单轨 InSAR 数据集的矿区地表三维动态形变监测方法"为例,对该类方法的解算思路进行简要介绍。

首先,假设有一个共包含有 $K＋1$ 景 SAR 影像的单轨道 SAR 数据集,各 SAR 影像的数据获取时间分别为 $\boldsymbol{t}^{\mathrm{T}}=\begin{bmatrix} t_0 & t_1 & \cdots & t_K \end{bmatrix}$。根据 SBAS 思想,将这 $K＋1$ 景 SAR 影像按照预设的时空基线阈值生成小基线干涉对,假设生成的小基线干涉对的数量为 M。对所有 M 个小基线干涉对利用前述的"DInSAR/OT＋矿区形变先验模型方法"进行处理,从而生成 M 个矿区地表多时相垂直向形变监测值 $\Delta \boldsymbol{U}=\begin{bmatrix} \Delta U_1 & \Delta U_2 & \cdots & \Delta U_M \end{bmatrix}$,假设每景影像的大小为 $n \times m$。根据 SBAS 技术思想,对所有点依次进行动态形变解算。以影像中的任一单点为例,设各时间相邻 SAR 影像间的平均形变速率为 $\boldsymbol{V}^{\mathrm{T}}=\begin{bmatrix} V_1 & V_2 & \cdots & V_K \end{bmatrix}$,根据 SBAS-InSAR 技术的核心思想,构建如下解算方程:

$$\boldsymbol{F} \cdot \boldsymbol{V} = \Delta \boldsymbol{U} + \boldsymbol{\varepsilon}'_U \tag{2-19}$$

其中,$\boldsymbol{\varepsilon}'_U$ 表示方程组的残差项;$\boldsymbol{F}$ 为方程组的系数矩阵,其维度为 $M \times K$,其构成形式与单轨 SAR 影像集所组成的小基线集的形式有关。之后,利用加权最小二乘算法对式(2-19)进行求解,即:

$$\hat{\boldsymbol{V}} = (\boldsymbol{F}^{\mathrm{T}} \cdot \boldsymbol{P} \cdot \boldsymbol{F})^{-1} \cdot \boldsymbol{F}^{\mathrm{T}} \cdot \boldsymbol{P} \cdot \Delta \boldsymbol{U} \tag{2-20}$$

其中,权重矩阵为各干涉对对应像素的相干性(用 c 表示)的三次方所组成的对角阵,即:

$$\boldsymbol{P}^{\mathrm{T}} = \mathrm{diag}\begin{bmatrix} c_1^3 & c_2^3 & \cdots & c_M^3 \end{bmatrix} \tag{2-21}$$

在解算出矿区地表全盆地各像素点的动态下沉速率 $\hat{\boldsymbol{V}}$ 后,矿区地表全盆地各像素点的动态下沉 $\hat{\boldsymbol{U}}$ 可以通过形变速率对时间的积分得到,即:

$$\hat{\boldsymbol{U}}(t_k) = \sum_{i=1}^{k} (t_i - t_{i-1}) \cdot \hat{V}_i \quad (k = 1, 2, \cdots, K) \tag{2-22}$$

得到矿区地表动态垂直下沉后,矿区地表沿东西和南北向的二维动态水平形变 $\hat{\boldsymbol{E}}$ 和 $\hat{\boldsymbol{N}}$ 可以利用公式(2-14)依次进行求解,从而得到矿区地表动态三维形变。图 2-3～图 2-5 分别表示利用上述方法解算得到的某矿区地表沿垂直、东西和南北方向的三维动态变形场。

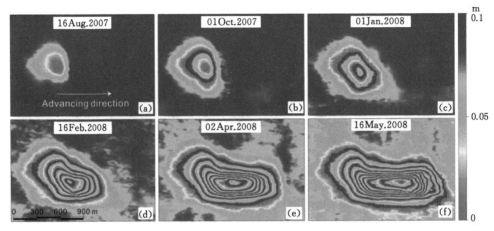

图 2-3 利用"时序 InSAR＋矿区形变先验模型"方法解算得到的矿区地表垂直向动态变形场[32]

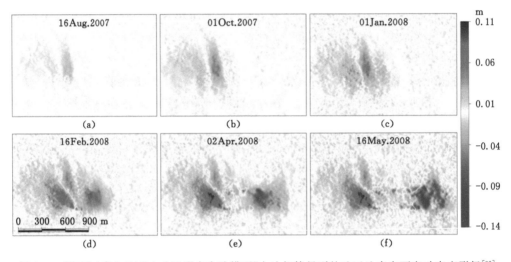

图 2-4 利用"时序 InSAR＋矿区形变先验模型"方法解算得到的矿区地表东西向动态变形场[32]

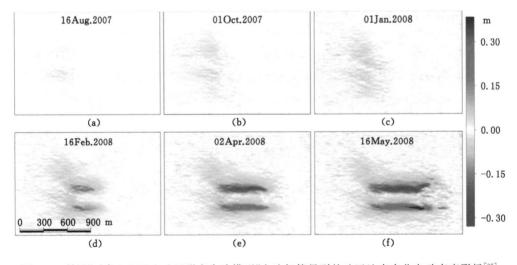

图 2-5 利用"时序 InSAR＋矿区形变先验模型"方法解算得到的矿区地表南北向动态变形场[32]

2.4　三维激光扫描技术在煤矿地表移动监测中的应用

三维激光扫描技术改变了传统地表移动监测模式,提高了监测效率与可靠性[9,10]。传统的地表移动观测手段为设立地表观测站,地表观测站的观测大多采用全站仪、水准仪等设备对地表的观测点进行平面测量和高程测量,日常的观测工作需要定期用水准仪进行水准测量,用全站仪进行平面坐标的获取,从而为研究开采沉陷规律提供资料。由于煤矿开采造成的地表移动塌陷是一个三维空间的问题,而我们利用传统仪器所获取的三维坐标只反映了地表移动的部分点,无法获取整个工作面的开采沉陷数据。这种以点带面的研究方法,受传统监测手段的限制,难以获取非常准确的移动参数。因此,基于上述研究方法的所得结果也难以很好地指导“三下”开采设计。我们需要应用新的监测手段、监测技术来解决这个问题。三维激光扫描技术的应用,为地表移动观测带来了全新的监测手段。三维激光扫描技术是近几年发展起来的一种新兴测量技术,该技术能够快速获得地表采样点的三维空间坐标,已成为空间数据获取的一种重要技术手段。同传统的观测手段相比,三维激光扫描测量技术不需要合作目标,可以自动、连续、快速地采集数据,拥有快速性、不接触性和实时、动态、主动性以及高密度、高精度、数字化、自动化等特点。其最大特点在于它能够快速、高精度地以非接触方式直接获取物体表面每个采样点的空间三维坐标,得到一个表示实体的点集合,我们称之为“点云”(Point Cloud)。三维激光扫描技术改变了传统的单点变形观测方式,使传统的“点测量”方式变为“面测量”方式。

三维激光扫描技术提高了自动化提取信息的程度,而且具有表达对象细节信息能力强、受环境影响小等优势,它不需要布设测量碎布点,能够密集、全面地对测区进行连续数据采集。用三维激光扫描技术得到的大面积地形点云模型是以离散采样点为基元的几何模型,具有数据结构简单、存储空间紧凑、能够表达复杂表面细节信息等优点。应用三维激光扫描技术进行变形监测,相当于布设了一个高密度的变形监测网,为变形监测的研究提供了更为全面的实测数据。因此,将其应用到地表移动观测领域,探索其在该领域的理论及应用方法,具有极其现实的意义。

2.4.1　三维激光扫描测量系统

数据采集使用的是美国 Trimble 公司生产的 GX 三维激光扫描测量系统,其由以下几个组成部分组成。

(1) Trimble GX 三维激光扫描仪

Trimble GX 扫描仪是一款先进的测量与空间成像传感器,为获取高精度和高密度的点云信息,它使用高速激光和摄像技术捕获坐标和图像信息,可竖直旋转 60° 以及水平旋转 360°,其数据采集速度可达 5 000 点/s。图 2-6 为该款扫描仪外观图,其属于脉冲式激光扫描仪,最远测距距离可达到 300 m,特别适合室外大范围的点云数据采集工作;其配套软件可以方便快速地对点云数据进行处理,并且可以将数据转换为其他常规软件可以识别和处理的格式。

(2)计算机

计算机用于扫描数据时对扫描仪进行控制,包括参数设置和数据的传输存储。在野外

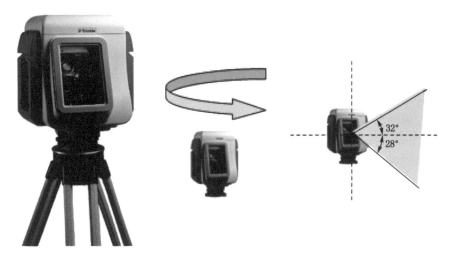

图 2-6　Trimble GX 三维激光扫描仪

工作时,一般采用便携式笔记本计算机。计算机与扫描仪基于 TCP/IP 协议通过网线进行数据传输,因此在连接计算机和扫描仪之前,需要对计算机的 IP 地址进行设置。

（3）电源系统

GX 三维激光扫描测量仪有两种供电方案:一种是交流电源供电,适合室内作业时使用,输入电压为 AC 90～240 V;另一种是使用 2 块 12 V 铅酸蓄电池供电,适合供电不方便的野外作业,输入电压为 DC 24 V。

（4）附件

Trimble 公司专门配置的目标板和目标球采用高反射率材料制成,用于坐标系配置和不同测站测量点云的匹配,如图 2-7 所示。其中,目标板尺寸为 15 cm×15 cm,内部反射圆半径为 6.9 cm,它外部的绿色部分不具备反射特性,可以通过全站仪测量获得其中心坐标。目标球是直径为 76.2 cm 的白色球体,也是由高反射材料制成的,其底部基座是磁性材料,方便放置稳固且不易移动。

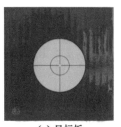

(a) 目标板　　　　　　(b) 目标球

图 2-7　Trimble 专配目标板和目标球

Trimble GX 三维激光扫描仪与其他三维激光扫描仪相比,增加了对中整平功能,操作与全站仪的工作原理相似。采集数据时,在已知点位上架设仪器进行后视定向,获取的点云数据就是真实的三维空间信息,不需要将数据从仪器坐标系转换到实际坐标系,从而免去坐标拼接和转换等步骤。此外,Trimble GX 三维激光扫描仪还增加了 Sure Scan 模式,可使

扫描参数自动适应于被扫描目标的几何形状,使点云密度保证均匀。该扫描仪的主要参数如下:

① 性能指标

扫描速率:最高达 5 000 点/s。

扫描距离:350 m(对于 90％反射表面),155 m(对于 35％反射表面)。

测角精度:水平角 12″,竖直角 14″。

测距精度(标准差):≤4 mm@50 m,≤7 mm@100 m。

单点定位精度:≤6 mm@50 m,≤12 mm@100 m。

建模精度:一般模型的表面精度为±2 mm(取决于建模方法)。

扫描分辨率:3 mm@50 m。

仪器整平:三角基座中的水准管精度为 8′,双轴补偿器补偿 6′,仪器具有实时自动整平补偿功能。

数据完好性:实时温度补偿以及大气自动改正。

② 系统指标

激光类型:脉冲为 532 nm 的绿色激光 。

扫描范围:水平 360°,竖直 60°,连续式单点扫描。

光学技术:专利扫描光学技术,Ⅲ级激光。

现场影像:摄像机实时真彩色显示,5.5 倍光学对焦,可自动进行对焦。

③ 工作环境要求

存储环境:−20～50 ℃。

工作环境:0～40 ℃,温度较低时耗电量会相应增加。

感光方式:使用绿色激光,适用于在各种光线环境中工作。

防水/防尘级别:防水/防尘符合 IP53 标准。

抗冲击级别:可达到国际标准 2M3 和 IEC60721-3-22M2。

2.4.2　激光扫描点云数据获取及预处理

Trimble GX 三维激光扫描仪具有对中、定向功能,这就表明在实际测量过程中可以布设控制网,把控制点作为三维激光扫描的基准点或者作为标靶的标志点。三维激光扫描仪获得的点云数据的精度除与扫描仪本身构造和性能有关外,测站点的选择、控制点的选择以及扫描环境等都对其有重要的影响。如何科学地对点云数据进行预处理,也是影响扫描结果的重要因素。

2.4.2.1　点云数据获取

三维激光扫描仪外业数据获取过程一般分以下几个部分:现场踏勘及方案的制定、控制测量和野外数据采集。

(1)现场踏勘及方案的制定

在实施三维激光扫描工作之前,首先需要对现场地形环境进行踏勘。根据测区地形特征、测量对象形态、空间分布、扫描需要的精度以及目标分辨率来确定控制点和观测点的布设方案。根据现场实际情况制定具体的扫描实施方案,包括人员配备、供给方案、扫描工作流程以及扫描施工组织等。

在扫描现场数据采集阶段,扫描站点的布设会对数据质量产生很大影响。合理布设扫描站点,既可以减少数据冗余,又可以在点云配准时得到精度高的整体模型,还可以缩减工作量。一般来说,布设扫描站点需要考虑以下几个方面的因素:

① 三维激光扫描系统的最佳工作范围。虽然三维激光扫描仪的有效扫描范围很大,从仪器的相关参数上看到的数据也是这样,但在实际工作中由于受外界条件的限制,并不能覆盖最大有效扫描范围或者说在最大范围附近工作时精度不能保证。因此,实际作业中我们一般要求扫描时相邻站点的距离不大于扫描系统的最佳工作范围。例如 Trimble GX 在实际测量工作中,测量距离一般为 30～50 m。

② 数据的重叠度。研究表明,在各个扫描站点之间保持 20%～30% 的重叠度,可以保证研究对象整个点云数据的完整性和满足不同站点间拼接的最低要求。数据的重叠度并非越大越好,这是因为在同一扫描站点内的扫描数据的相对精度要高于站点间配准后的重叠点云数据。很明显,数据重叠度过大不仅会加大外业工作量,而且在内业过程中需要对重叠区域的数据进行融合处理。

③ 尽量保证正直扫描。当激光扫描方向与被扫描物体存在夹角时,可能会加大误差。因此在布设扫描站点时,应当尽量避免扫描被测物体时倾角过大。

(2) 控制测量

控制测量目前有全站仪和 RTK 测量两种方法。全站仪的测量精度可以达到毫米级,可以满足矿山地表沉陷变形监测的要求。虽然 RTK 的测量精度在厘米级,但是其获取的是动态实时的数据,且三维激光扫描仪能获取大量的点云数据,其建模精度高,因此对沉陷参数的影响不大,可以在矿区应用。

(3) 野外数据采集

根据制定的计划进行外业数据的采集,在选定的测站点与后视点分别架设扫描仪和标靶,在 Point Scape 4.0 软件中设置扫描过程中的参数,包括分辨率、扫描范围的距离等,同时绘制现场草图,对需要建模的被扫描目标扫描。当一个测站的点云数据扫描完毕后,将仪器架设到下一个测站点继续上述步骤,直至将整个沉陷盆地扫描完毕。

采用 Trimble GX 三维激光扫描仪获取沉陷盆地的三维坐标,扫描过程中依据其配套软件 Point Scape 4.0 的功能,可以采取两种扫描方法:第一种方法是将仪器架设在控制点上,对中整平后输入控制点坐标,将标靶架设在后视控制点上进行定向,然后进行扫描。多站测量也是如此,这样扫描的多站点云数据不需要配准,均在控制网标准下的大地坐标系统内,扫描精度取决于控制网精度以及扫描时的误差影响。这种方法的优点是无须后续配准,缺点是每站测量要输入控制点坐标,操作烦琐、耗时较长。第二种方法是将标靶架设在控制点上,扫描仪任意架站,每连续不同两站有相同的标靶作为同名点,扫描结束后可以使用 Real Works Survey 6.5 数据处理软件将控制点坐标加到标靶拟合中心点上,采用后方交会计算测站点并转入大地坐标系中。这种方法的优点是方便快捷,缺点是后续数据处理需要配准这项工作。

2.4.2.2 点云数据获取步骤

Trimble GX 三维激光扫描仪获取数据流程可分为以下几个步骤:

① 在已知测站点上或者任意位置架设好三脚架使其基本水平,在三脚架上安置一个基座,在测站点上架设好标靶。

② 如果三脚架架设在测站点上,则需要对中、整平。

③ 把 Trimble GX 三维激光扫描仪放置到基座上,并将其锁好。

④ 连接扫描仪电源线、网线,设置外接电脑的 IP 为 192.0.4.XX,XX 为 0、10、250 以外的其他数字,关闭电脑防火墙。

⑤ 扫描仪开机,在电脑中打开"Point Scape 4.0"软件,扫描仪开始自检,在出现的画面中点击"Setup",然后点击"Electronic Level"查看电子气泡并精确置平,输入气压值,点击"OK"。

⑥ 开始建站。在"Point Scape-[3D View]"界面中右击"Work Space-0 Project"选项,在显示菜单中"Add a Station"单击"Station",此后"Work Space-0 Project"变成"Work Space-1 Project"。如果仪器和标靶均架设在控制点上,且控制点已知,可以在其目录下的"New Project"中右击"Station 1"选择"Station Setup",输入测站点以及标靶坐标和仪器高,建站结束。

⑦ 测量从 Trimble GX 扫描仪机身上的标点到已知点的距离,并选择扫描模式。

⑧ 添加目标物,点击"Add New Target",选定标靶,输入已知点名和站标高。

⑨ 点击"OK",框选标靶开始扫描。拟合得到标靶中心后对比误差,误差在允许范围后,进行下一步采集数据。

⑩ 点击相机图标,开始选择扫描目标,在相机图标旁边的选择框中,选择"Polygonal Farming Tool"(即"多边形选择框")。

⑪ 选择固定焦距、扫描距离以及扫描分辨率。

⑫ 开始扫描,此时屏幕上显示扫描速度、剩余时间等信息,新获取的点显示为红色。

⑬ 扫描结束,保存数据并关机,注意先关闭软件再关闭扫描仪电源。

2.4.2.3 点云数据预处理

获取高精度的三维扫描数据,不仅受扫描环境、仪器架设、站点选择等影响,而且与使用激光扫描仪的构造、性能、扫描方法有关。后续的三维点云数据处理更是保障测量数据质量的关键之一。

点云数据采集、点云数据处理和点云数据建模输出应用构成一个完整的扫描应用过程。由于点云数据量非常大,点云数据的自动化处理的算法必须保证其科学性、合理性。点云数据的处理步骤包括点云坐标转换、去除噪声、点云拼接和点云滤波四个部分。

测量所产生的噪声主要来自移动的车辆、行人及建筑物周围的树木,表现为异常点和散乱点。噪声比较明显,故采用肉眼判断,将点云数据进行分割,采取人机交互直接删除的方法进行去噪。图 2-8 为工作面观测站预处理后的点云图。

2.4.3 三维激光扫描数据的应用

2.4.3.1 三维激光扫描获取建筑物移动变形监测

通过三维激光扫描获取建筑物的点云,能够分析不同时期扫描前后建筑物的移动变形情况。可以通过利用建筑物角点这一显著特征,对开采前后同名特征点进行研究。由于前后同名特征点自动识别算法比较复杂,可以通过手动提取同名特征点。为了减少量取同名点误差,在三维激光扫描的过程中,加大对建筑物区域的点云密度,同时多次量取同名特征点求平均值。图 2-9 为房屋两期三维激光点云效果图,从图中可以直观地看出建筑物的移

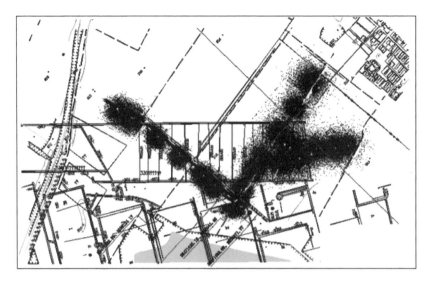

图 2-8　工作面观测站点云图

动情况,并且可以量测建筑物上任意点的移动值。激光扫描数据不仅为研究建筑物的移动提供了三维可视化信息,同时提供了精确的移动监测值,是建筑物移动监测的技术飞跃与创新。

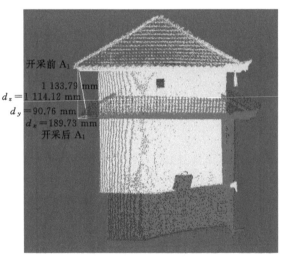

图 2-9　房屋两期三维激光扫描点云叠加效果图及特征点

三维激光测量技术具有真实、直观的特点,可以从多角度体现数据,从整体效果中对比各个局部的差异,空间交叉关系清楚,视觉效果显著。

2.4.3.2　建筑物倾斜监测

实验建筑物如图 2-10 所示,开采前其原始倾斜测量值为 18.5 mm/m,开采后其倾斜测量值为 25.3 mm/m,开采引起的建筑物倾斜值为 6.8 mm/m。

图 2-10 开采前建筑物数码相片与激光扫描影像

2.4.3.3 地表下沉监测

同传统的测量方法相比,三维激光扫描可以快速、全面、高精度地监测地表开采前后移动变形,所获得的点云数据能整体、细致、直观地分析地表的移动变形。三维激光扫描点云数据利用软件 Real works Survey 6.5 生成等高线,也可以将点云数据生成 mesh 三维模型,然后根据 mesh 三维模型生成等高线。同时也可以将两期点云数据以 asc 格式导出,获得内容包含 X 坐标、Y 坐标、Z 坐标的文本,对导出的数据进行处理后再利用 Surfer 软件生成实测下沉等值线。由于两期点云数据点名并不相同,所以首先通过神经网络方法进行曲面重建,获得两期同名点下沉高差。如果点云数据量过大,可以对点云进行重采样抽稀数据,分若干部分进行曲面重建,然后通过 Surfer 软件进行处理获得实测下沉等值线,如图 2-11 所示。

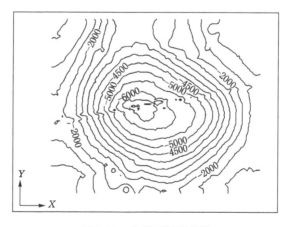

图 2-11 地表下沉等值线

三维激光扫描点云数据预处理后,可以根据生成的点云剖面图拟合生成相应的剖面线,对地表下沉变形进行分析研究(图 2-12)。三维激光数据的应用还可以任意切取纵横剖面以及拟合生成地表下沉盆地发育过程曲线,如图 2-13 和图 2-14 所示。

2.4.3.4 数据格式转换与共享

对三维激光扫描数据进行了一系列的处理完成后,可以转换数据格式,实现数据共享。具体步骤如下:

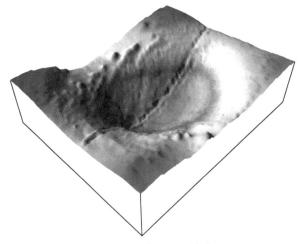

图 2-12　地表下沉三维盆地

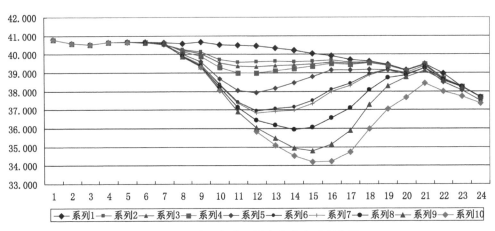

图 2-13　地表下沉盆地沿走向发育过程曲线

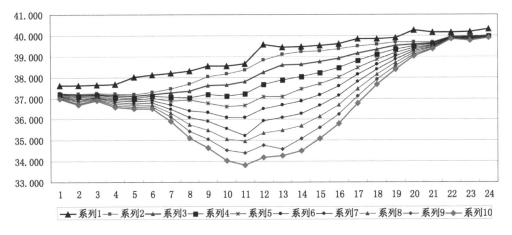

图 2-14　地表下沉盆地沿倾向发育过程曲线

　　① 通过菜单栏中"File"菜单中的"Export Selection"功能进行数据的导出,导出时选择的数据格式为"AutoCAD Files(* .dxf)"。

　　② 在弹出的"Export as DXF file"对话框中,在 "Unit:"后面选择"Meter"。

　　③ 点击"Export"即可导出 dxf 格式的数据。

　　④ 形成的 dxf 格式数据,可以导入南方 CASS 等软件,实现数据共享。

　　三维激光扫描测量实现了监测结果三维可视化,位移量、下沉量、倾斜量、裂缝宽度、任意点坐标值等几何要素均可量测,具有真实、直观的特点,可以从多角度体现数据,从整体效果中对比各个局部的差异,空间交叉关系清楚,视觉效果显著。但是,该技术在应用中仍然存在一定的局限性,如易受通视条件、地形、地物、地表植被以及积水等因素的影响,且监测范围有限。

本章参考文献

[1] 何国清.矿山开采沉陷学[M].徐州:中国矿业大学出版社,1991.

[2] 邓喀中,谭志祥,姜岩.变形监测及沉陷工程学[M].徐州:中国矿业大学出版社,2014.

[3] 邹友峰,邓喀中,马伟民.矿山开采沉陷工程[M].徐州:中国矿业大学出版社,2003.

[4] 郭增长,柴华彬.煤矿开采沉陷学[M].北京:煤炭工业出版社,2013.

[5] 余学祥.煤矿开采沉陷自动化监测系统[M].北京:测绘出版社,2014.

[6] 李德仁,王树根,周月琴.摄影测量与遥感概论[M].2 版.北京:测绘出版社,2008.

[7] 刘国祥,陈强,罗小军.永久散射体雷达干涉理论与方法[M].北京:科学出版社,2012.

[8] 张梅,文静华,杨滋荣.复杂曲面物体多视角激光点云 3D 建模关键技术研究[M].北京:科学出版社,2016.

[9] 吴侃,汪云甲,王岁权.矿山开采沉陷监测及预测新技术[M].北京:中国环境科学出版社,2012.

[10] 赵兴东,徐帅.矿用三维激光数字测量原理及其工程应用[M].北京:冶金工业出版社,2016.

[11] 朱建军,李志伟,胡俊.InSAR 变形监测方法与研究进展[J].测绘学报,2017,46(10):1717-1733.

[12] GABRIEL A K,GOLDSTEIN R M,ZEBKER H A.Mapping small elevation changes over large areas:differential radar interferometry[J].Journal of Geophysical Research:Solid Earth,1989,94(B7):9183-9191.

[13] HANSSEN R F.Radar Interferometry:Data Interpretation and Error Analysis[M].Dordrecht:Springer Netherlands,2001.

[14] BECHOR N B D,ZEBKER H A.Measuring two-dimensional movements using a single InSAR pair[J].Geophysical Research Letters,2006,33(16):L16311.

[15] BARBOT S,HAMIEL Y,FIALKO Y.Space geodetic investigation of the coseismic and postseismic deformation due to the 2003 Mw7.2 Altai earthquake:implications for the local lithospheric rheology[J].Journal of Geophysical Research:Solid Earth,2008,113(B3):B03403.

[16] 王晓文.基于 InSAR 和 MAI 的电离层误差校正及同震三维形变场计算与断层滑动反演[D].成都:西南交通大学.

[17] MICHEL R,AVOUAC J P,TABOURY J.Measuring ground displacements from SAR amplitude images:application to the Landers Earthquake[J].Geophysical Research Letters,1999,26(7):875-878.

[18] DERAUW D.DInSAR and coherence tracking applied to glaciology:the example of shirase[R].Proc. FRINGE.,1999:1-8.

[19] 林珲,马培峰,王伟玺.监测城市基础设施健康的星载 MT-InSAR 方法介绍[J].测绘学报,2017,46(10)1421-1433.

[20] 刘国祥,陈强,罗小军.永久散射体雷达干涉理论与方法[M].北京:科学出版社,2012.

[21] CARNEC C,MASSONNET D,KING C.Two examples of the use of SAR interferometry on displacement fields of small spatial extent[J].Geophysical Research Letters,1996,23(24):3579-3582.

[22] FAN H D,GAO X X,YANG J K,et al.Monitoring mining subsidence using A combination of phase-stacking and offset-tracking methods[J].Remote Sensing,2015,7(7):9166-9183.

[23] NG A H M,GE L L,ZHANG K,et al.Deformation mapping in three dimensions for underground mining using InSAR - Southern highland coalfield in New South Wales,Australia[J].International Journal of Remote Sensing,2011,32(22):7227-7256.

[24] SAMSONOV S, D'OREYE, NICOLAS, SMETS B.Ground deformation associated with post-mining activity at the French-German border revealed by novel InSAR time series method[J].International Journal of Applied Earth Observation and Geoinformation,2013,23:142-154.

[25] 祝传广,邓喀中,张继贤,等.基于多源 SAR 影像矿区三维形变场的监测[J].煤炭学报,2014,39(4):673-678.

[26] HE L M,WU L X,LIU S J,et al.Mapping two-dimensional deformation field time-series of large slope by coupling DInSAR-SBAS with MAI-SBAS[J].Remote Sensing,2015,7(9):12440-12458.

[27] WANG Z W,YU S W,TAO Q X,et al.A method of monitoring three-dimensional ground displacement in mining areas by integrating multiple InSAR methods[J].International Journal of Remote Sensing,2018,39(4):1199-1219.

[28] PENG SS,MA W,ZHONG W.Surface subsidence engineering[M].Littleton:Society for Mining, Metallurgy, and Exploration,1992.

[29] YANG Z F,LI Z W,ZHU J J,et al.Retrieving 3-D large displacements of mining areas from a single amplitude pair of SAR using offset tracking[J].Remote Sensing,2017,9(4):338.

[30] YANG Z F,LI Z W,ZHU J J,et al.Deriving time-series three-dimensional displacements of mining areas from a single-geometry InSAR dataset[J].Journal of Geodesy,2018,

92(5):529-544.

[31]　YANG Z F,LI Z W,ZHU J J,et al.An alternative method for estimating 3-D large displacements of mining areas from a single SAR amplitude pair using offset tracking[J].IEEE Transactions on Geoscience and Remote Sensing,2018,56(7): 3645-3656.

[32]　YANG Z F,LI Z W,ZHU J J,et al.Time-series 3-D mining-induced large displacement modeling and robust estimation from a single-geometry SAR amplitude data set[J].IEEE Transactions on Geoscience and Remote Sensing,2018,56(6):3600-3610.

[33]　LI Z W,YANG Z F,ZHU J J,et al.Retrieving three-dimensional displacement fields of mining areas from a single InSAR pair[J].Journal of Geodesy,2015,89(1):17-32.

第 3 章 开采引起的地表下沉
概率分布函数模型
3 Probability function model of surface subsidence by coal mining

开采沉陷是一个十分复杂的力学时空过程,受许多不确定随机因素的影响,借助统计学来描述与分析地表移动是解决问题的一条可行途径。本章将重点介绍克诺特影响函数法、随机介质理论法和概率积分法的数学原理与科学研究历程。

Mining subsidence is a complex mechanical space-time process, which is affected by many uncertain random factors. Statistical description and analysis of surface movement is another feasible way to solve the problem. It introduces this chapter will introduce Knothe influence function method, random medium theory method and probability integral method.

3.1 克诺特影响函数

克诺特(Stanisław Knothe)(1919~2015 年)是波兰和全世界采矿界最杰出的科学家之一[1],其最重要的科学成就是他的博士学位论文,研究采矿作业对地表建筑物的影响,这在当时是非常重要的。因此在 19 世纪和 20 世纪,特别是在上西里西亚聚居区,采矿业与当地居民之间经常发生冲突,因此需要研究"地下采矿作业对地表安全的影响"这一主题。1951年 5 月,克诺特在克拉科夫矿业科技大学完成了博士学位论文答辩,论文中提出的克诺特影响函数法是计算采矿作业对地表和岩体影响的一次真正革命,该理论是波兰采矿科学对全球采矿理论和实践的独特贡献。它不仅在许多国家的采矿业中被广泛应用了 50 多年,而且已经并继续成为许多科学研究的来源。克诺特教授最有价值的科学成就是他给工程师们一个很好的简单的建筑物下开采影响计算方法,这就是他闻名世界的原因,在这一领域工作的每个人都会涉及克诺特影响函数[2]。

经过实测资料的分析,克诺特认为,地表移动盆地的主断面内各点下沉在水平煤层开采达到充分采动后可以用相应的函数表示。设图 3-1 中垂直于图面方向的工作面长度很长,达到充分采动,工作面由 $x=a$ 处推进到 $x=b$ 处,则 $(a-b)$ 段煤层开采将使地表某点 A 下沉。A 点的下沉可表示为:

$$W_A = \int_a^b f(x)\,\mathrm{d}x \tag{3-1}$$

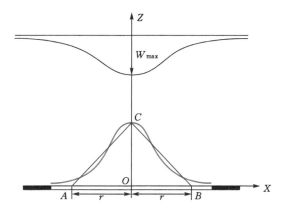

图 3-1　克诺特影响曲线

克诺特将影响函数定义为：

$$f(x) = \frac{W_0}{r} e^{-\pi \frac{x^2}{r^2}} \tag{3-2}$$

式中，r 为主要影响半径；W_0 为最大下沉值。

因此，A 点的下沉可以表示为：

$$W_A = \int_a^b \frac{W_0}{r} e^{-\pi \frac{x^2}{r^2}} \mathrm{d}x \tag{3-3}$$

为了充分导出采动条件下地表下沉的剖面方程，设工作面从很远处推来停止于 A 点的下方（图 3-2），取坐标系如图所示，则地表某点 A 的下沉应为：

$$W_A = \int_{-\infty}^0 f(x) \mathrm{d}x \tag{3-4}$$

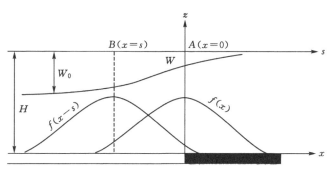

图 3-2　地表下沉剖面方程推导示意图

此时地表某点 $B(x=s)$ 相应的影响曲线应为 $f(x-s)$，B 的下沉应为：

$$W_B = \int_{-\infty}^0 f(x-s) \mathrm{d}x \tag{3-5}$$

式(3-4)、式(3-5)均可看作影响曲线 $f(x)$ 或 $f(x-s)$ 与 x 轴在 $(-\infty, 0)$ 区间内所包围的面积。由图可见，两条曲线与 x 轴在区间 $(-\infty, 0)$ 内的面积相等，所以式(3-5)又可以写成：

$$W_B = \int_s^\infty f(x)\,\mathrm{d}x \tag{3-6}$$

因此，对于一般情况下地面某点的下沉可写成：

$$W(x) = \int_x^\infty f(x)\,\mathrm{d}x = \int_x^\infty \frac{W_0}{r}\mathrm{e}^{-\pi\frac{x^2}{r^2}}\,\mathrm{d}x = \frac{W_0}{r}\int_x^\infty \mathrm{e}^{-\pi\frac{x^2}{r^2}}\,\mathrm{d}x \tag{3-7}$$

式(3-7)就是克诺特的地表下沉剖面方程式。

3.2 Litwiniszyn 随机介质理论

随机介质理论是由波兰李特维尼申建立的，他认为，虽然无法说清岩体介质是弹性的、连续的，还是塑性的、松散的，但是在矿山岩石开采以后，地表及其地下的岩层会受地质和开采作用的不断影响和破坏，原始的平衡遭到破坏，原生的结构受到扰动，从而各个岩体介质之间具有明显的不连续性。将矿山岩体介质认为是随机介质，认为这种介质的移动规律符合随机过程，用随机过程的方法来研究煤矿开采后引起的地表移动问题，这就是所说的随机介质理论。李特维尼申在 1974 年出版的专著中给出了下沉概率分布模型，如图 3-3 所示[3]。

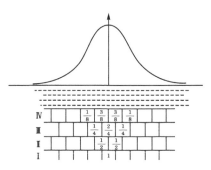

图 3-3　李特维尼申下沉概率分布示意图

3.2.1　随机介质理论基本假定

随机介质理论是用非连续的随机介质模型来模拟地表及地下各个岩层的移动规律。非连续介质模型认为，在矿山开采所引起的移动过程中，介质之间原有的连续性会遭到破坏，各介质单元之间相互分离并发生相对运动。岩层受后期构造应力、岩浆侵入等作用，在岩层中会形成节理、层理、断层等弱面。由于这些弱面的存在，所以岩层之间的连续性降低，就可以把岩层视为非连续的介质，对其进行理想化，可以将其理想为松散介质，把开采引起的岩层与地表移动视作随机过程，用随机介质的移动理论来描述这个过程。

3.2.2　随机介质理论的地表下沉概率分布

（1）随机介质下沉概率

该理论模型认为，岩层是由类似于砂粒或者很小的岩石块颗粒组成的，它们之间彼此独立，没有联系。如图 3-4 所示，每个格子都包含一个承受重力的球，如果移除格子 a_1 内的小球,第二层格子中的小球将会取代它,两个球下降的概率相同,即 1/2。假设格子 a_2 中的小球掉落到下一层的 a_1 格子中,那么格子 a_2 将被格子 a_3 的一个球占据或来自第 3 层 b_2 中的小球取代。同样,从格子 b_2 中取出球将导致它的位置被格子 b_3 或 c_2 的球取代。因此,从格子 a_1 中取出球使第 3 层格子 a_3、b_2 或 c_1 中的一个排空,这些事件的概率分别为 $\dfrac{1}{2} \times \dfrac{1}{2} = \dfrac{1}{4}$,$\dfrac{1}{2} \times \dfrac{1}{2} + \dfrac{1}{2} \times \dfrac{1}{2} = \dfrac{2}{4}$ 和 $\dfrac{1}{2} \times \dfrac{1}{2} = \dfrac{1}{4}$。同样的道理,从格子 a_1 中取出球会使得在第 4 层中 a_4、b_3、c_2 或 d_1 格子中的球下落的概率为 $\dfrac{1}{4} \times \dfrac{1}{2} = \dfrac{1}{8}$,$\dfrac{1}{4} \times \dfrac{1}{2} + \dfrac{2}{4} \times \dfrac{1}{2} = \dfrac{3}{8}$,$\dfrac{2}{4} \times \dfrac{1}{2} + \dfrac{2}{4} \times \dfrac{1}{2} = \dfrac{3}{8}$ 和 $\dfrac{1}{4} \times \dfrac{1}{2} = \dfrac{1}{8}$。

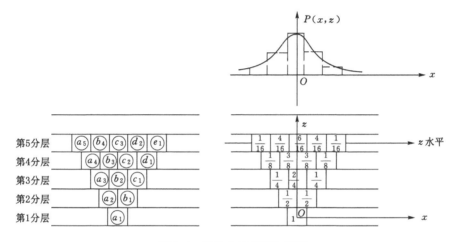

图 3-4　随机介质的理论模型

　　为了更精确地描述上述模型,想象建立一个坐标为 (x,z) 的坐标系,其中 z 轴垂直指向上,如图 3-5 所示。每个格子都含有受力的物质颗粒,重力平行作用到 z 轴但方向相反。在重力的影响下,颗粒只能向下掉落。

　　这个坐标系统就是在上述格子模型中抽象出来的坐标系,称之为随机游动模型。若将格子 B 和 C 中的小球都移走,这时格子 B 和 C 中均出现空位,那么格子 A 中的小球在重力的作用下向下移动,因此它可能会进入到格子 B 或 C 中,其概率均为 1/2。

　　(2)下沉概率关系方程

　　令 $P = P(x,z)$ 表示具有坐标 (x,z) 的格子出现空位的概率,图 3-5 中 A、B 和 C 格子中出现空位的概率分别用 $P(x,z+b)$,$P(x-a/2,z)$ 和 $P(x+a/2,z)$ 表示,则可得 3 个格子的概率关系式:

$$P(x,z+b) = \frac{1}{2}P\left(x - \frac{a}{2}, z\right) + \frac{1}{2}P\left(x + \frac{a}{2}, z\right) \tag{3-8}$$

　　根据二维函数的泰勒级数展开公式:

$$f(x_0 + h, y_0 + k) = f(x_0, y_0) + \left(h\frac{\partial}{\partial x} + k\frac{\partial}{\partial y}\right)f(x_0, y_0) +$$

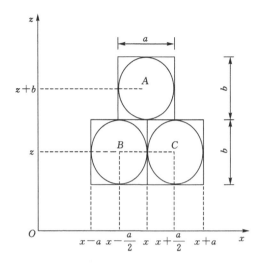

图 3-5　随机介质的随机游动模型

$$\frac{1}{2!}\left(h\frac{\partial}{\partial x}+k\frac{\partial}{\partial y}\right)^2 f(x_0,y_0)+\cdots+\frac{1}{n!}\left(h\frac{\partial}{\partial x}+k\frac{\partial}{\partial y}\right)^n f(x_0,y_0)+$$

$$\frac{1}{(n+1)!}\left(h\frac{\partial}{\partial x}+k\frac{\partial}{\partial y}\right)^{n+1}f(x_0+\theta h,y_0+\theta k)\quad(0<\theta<1)\tag{3-9}$$

对式(3-8)在点(x,z)附近用泰勒级数展开到一阶项,可得:

$$P(x,z)+\frac{\partial P(x,z)}{\partial z}b=\frac{1}{2}\left[P(x,z)-\frac{\partial P(x,z)}{\partial z}\cdot\frac{a}{2}\right]+\frac{1}{2}\left[P(x,z)+\frac{\partial P(x,z)}{\partial z}\cdot\frac{a}{2}\right]$$

$$\tag{3-10}$$

整理上式可得:

$$\frac{\partial P(x,z)}{\partial z}b=0\tag{3-11}$$

对式(3-8)在(x,z)点处用泰勒级数展开到二阶项,可得:

$$P(x,z)+\frac{\partial P(x,z)}{\partial z}b=\frac{1}{2}\left[P(x,z)-\frac{\partial P(x,z)}{\partial x}\frac{a}{2}+\frac{\partial^2 P(x,z)}{\partial x^2}\frac{a^2}{8}\right]+$$

$$\frac{1}{2}\left[P(x,z)+\frac{\partial P(x,z)}{\partial x}\frac{a}{2}+\frac{\partial^2 P(x,z)}{\partial x^2}\frac{a^2}{8}\right]\tag{3-12}$$

整理可得:

$$\frac{\partial P(x,z)}{\partial z}=\frac{a^2}{8b}\frac{\partial^2 P(x,z)}{\partial x^2}\tag{3-13}$$

以这样定义的$P(x,z)$的分布是不连续的,需要对其连续化。由于实际岩层中每个岩层块的尺寸都非常小,也就是说,模型中格子尺寸非常小,即$a\rightarrow0,b\rightarrow0$。因此,将式(3-13)两边在$a\rightarrow0,b\rightarrow0$的条件下取极限,可得:

$$\frac{\partial P(x,z)}{\partial z}=\lim_{\substack{a\rightarrow0\\b\rightarrow0}}\frac{a^2}{8b}\frac{\partial^2 P(x,z)}{\partial x^2}\tag{3-14}$$

由于a和b为常数,可以将这个极限用另一个字母表示,即$A=\lim\limits_{\substack{a\rightarrow0\\b\rightarrow0}}\dfrac{a^2}{8b}$,则上式可以简

化为：

$$\frac{\partial P(x,z)}{\partial z} = A \frac{\partial^2 P(x,z)}{\partial x^2} \tag{3-15}$$

上式就是随机介质理论模型岩层移动的基本微分方程式,式中的 A 是反映格子尺寸的常数。由于已经将格子进行连续化,因此这样解出来的 $P(x,z)$ 是一个连续函数,表示点 (x,z) 附近无穷小的格子中出现空位的概率。

（3）微分方程求解边界条件

式(3-15)为一个典型的热传导方程,为了求得它的特解,需要一个边值条件,因此,要从模型中找到一个符合实际的边值条件。由于图 3-4 所示的理论模型中格子 a_1 处要排出数量相当多而总体积为单位体积的小球,格子 a_1 处的中心坐标为 $x=0,z=0$,而在该层中其他的点均不排出小球,因此想到了狄拉克函数来表示这一现象。狄拉克函数是一个突变函数,在概念上,它是这么一个"函数":在除了零以外的点函数值都等于零,而其在整个定义域上的积分等于 1。这个函数刚好符合理论模型中只有点 $(x=0,z=0)$ 排出单位体积的小球,而该层其余点均不排除小球的现象,于是得到了边界条件：

$$P(x,0)=\delta(x)=\begin{cases} 0 & (x\neq 0) \\ \infty & (x=0) \end{cases} \tag{3-16}$$

（4）微分方程求解

带有边界条件的热传导方程为：

$$\begin{cases} \dfrac{\partial P(x,z)}{\partial z} = A \dfrac{\partial^2 P(x,z)}{\partial x^2} \\ P(x,0)=\delta(x) \end{cases} \tag{3-17}$$

求解方程(3-17)可得：

$$P(x,z) = \frac{1}{2\sqrt{A\pi z}} e^{-\frac{x^2}{4Az}} \tag{3-18}$$

令 $r_z = \sqrt{4A\pi z}$,则上式可化作为：

$$P(x,z) = \frac{1}{r_z} e^{-\pi\frac{x^2}{r_z^2}} \tag{3-19}$$

$P(x,z)$ 在数值上等于单元开采所引起的下沉值 $W_e(x,z)$：

$$W_e(x,z) = P(x,z) = \frac{1}{r_z} e^{-\pi\frac{x^2}{r_z^2}} \tag{3-20}$$

对于地表来说,$z=H_0$ 为常数,则 r_z 也是常数,令 r_z 为常数 r（r 称为主要影响半径）,则式(3-20)变为：

$$W_e(x) = \frac{1}{r} e^{-\pi\frac{x^2}{r^2}} \tag{3-21}$$

上述分析表明,李特维尼申的随机介质理论与克诺特影响函数的数学表达是完全一致的。

3.2.3　波兰开采沉陷学派的发展概况

为纪念克诺特教授一百周年诞辰,在波兰克拉科夫国家科学院召开了克诺特科学采矿国际大会,会上详细介绍了克诺特教授的主要科研成果。克诺特教授最重要的科学成就是关于地下采矿对地表建筑物的影响关系,在 19 世纪和 20 世纪,尤其是在上西里西亚集聚区,采矿行业和当地居民之间经常发生冲突,论文为解决这个问题提供了方法,这个方法直到今天都是非常重要的。

1953 年,在新创刊的《波兰采矿评论》第一期中,对克诺特博士学位论文中所包含的解决方案进行了较详细的介绍,其中 Witold Budryk 教授撰写了导论并指出,在过去几年中一些研究人员设法建立关于地表变形的某些规律,但这还不足以预测地下采矿的影响程度。鉴于这一问题的重要性和紧迫性,AGH 科技大学的由 S. Knothe、J. Litwiniszyn 和 A.Sałustowicz组成的科学家小组进行了专门研究,发表了 5 篇重要论文:J. Litwiniszyn 的《岩体运动微分方程》,S. Knothe 的《地表最终下沉剖面函数》,Sałustowicz 的《基于弹性地基上地层挠度的下沉剖面函数》,S. Knothe 的《地表下沉的时间影响》,W. Budryk 的《地表水平移动与变形值的计算》,这无疑是波兰乃至世界矿业科学的伟大成就之一,上述作者也于 1953 年获得国家奖(图 3-6)[2]。

图 3-6   1953 年国家矿业科学奖获得者

波兰学派的成就,特别是克诺特提出的解决方案很快传遍了全世界,1953 年被译成德文本,1956 年被译成俄文本,随后法文本和英文本相继出现。1958 年,布德雷克与克诺特在北京矿业学院学报上发表了《在波兰城镇和工业建筑下面的开采问题》,详细介绍了地表移动变形预计方法,并且把位于开滦唐山煤矿的京山铁路保护煤柱开采作为应用案例进行详细的计算分析。1965 年,刘宝琛与廖国华联合出版了《煤矿地表移动的基本规律》[4],较系统地把波兰学派理论介绍到中国。克诺特影响函数法不仅在许多国家的煤矿开采中广泛应用了 70 多年,而且在其他领域也得到了应用,如盐岩储库、石油和天然气开采、隧道施工、关闭矿井地下水位变化等特殊广义开采问题引起的地表下沉计算。

3.3　概率积分法的地表下沉概率分布

概率积分法是中国学者刘宝琛、廖国华基于概率密度函数发展而来的一种开采沉陷预计方法[4],经过多年的发展和研究,目前已成为我国较成熟的、应用最为广泛的下沉预计方法。

3.3.1　数学原理

将单元开采引起的岩层移动作为随机事件进行研究。部分岩层剖面如图 3-7 所示,取用直角坐标系,使坐标原点通过开采中心,在 Z 水平上位于 x 处的某段岩石 dx 的下沉是随机的。岩石各段下沉的概率分布密度应当是坐标 x 的连续函数。如果岩石在水平方向是均质的,那么开采中心线左右两侧岩石发生下沉的概率对称。因此,表示概率密度的函数可用 $f(x^2)$ 来表示,而位于 x 处的一段的岩石 dx 下沉概率为 $f(x^2)dx$。

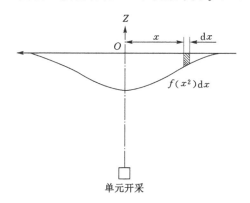

图 3-7　下沉事件发生的概率

3.3.2　单元下沉

由于岩层的力学性质在水平方向大致相同,因此,微小开采在 Z 水平上引起某处岩石下沉这一随机事件的概率只与该段岩石到开采中心的距离有关,而与方向无关,即通过原点的任何纵剖面上,Z 水平岩石下沉沿水平轴的密度函数形式上是一致的,不随剖面方向而变。

如图 3-8 所示,体积为 $1\times1\times1$ 的单元体被采出后,坐标为 (x,y,z) 的 A 点附近某一小块面积 ds 发生下沉的这一事件等于下面两个事件同时发生:剖面 $B-B$ 上 x 处的岩石条 dx 发生下沉的概率为 $f(x^2)dx$,剖面 $D-D$ 上相同高度 y 处的岩石条 dy 发生下沉的概率为 $f(y^2)dy$。因为岩石在这两个剖面上的下沉是相互独立的,于是微面 ds 发生下沉的概率为[4]:

$$P(ds) = f(x^2)dxf(y^2)dy = f(x^2)f(y^2)ds \qquad (3-22)$$

若取过原点的另一组直角坐标系 x_1Oy_1,按照同样的道理,在新坐标系中,它仍可以分

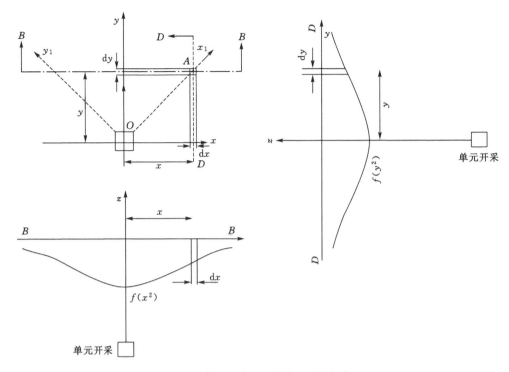

图 3-8 单元开采引起的岩层下沉概率

解为两个剖面中的岩石条下沉的概率之积，而且根据岩石在各个方向上对下沉的影响都只与距离有关而与方向无关的各向同性，在新坐标系下微面下沉影响的概率密度函数也是相同的，可得：

$$P(\mathrm{d}s_1) = f(x_1^2)\mathrm{d}x_1 f(y_1^2)\mathrm{d}y_1 = f(x_1^2)f(y_1^2)\mathrm{d}s_1 \tag{3-23}$$

如果所选择的微面的面积不变，且微面与开采中心的相对位置不变，因为微小面积单元开采引起的下沉与坐标轴方向的选择无关，那么可以得到：

$$\begin{cases} \mathrm{d}s = \mathrm{d}s_1 \\ P(\mathrm{d}s) = P(\mathrm{d}s_1) \\ P(\mathrm{d}s) = P(\mathrm{d}s_1) = f(x^2)f(y^2)\mathrm{d}s = f(x_1^2)f(y_1^2)\mathrm{d}s_1 \end{cases} \tag{3-24}$$

从而得到：

$$f(x^2)f(y^2) = f(x_1^2)f(y_1^2) \tag{3-25}$$

根据新旧坐标系的几何关系，可以得到：

$$\begin{cases} x_1^2 = x^2 + y^2 \\ y_1 = 0 \end{cases} \tag{3-26}$$

因此，将式(3-26)带入式(3-25)并对其进行整理化简，得到：

$$f(x^2)f(y^2) = f(x^2 + y^2)f(0) = Cf(x^2 + y^2) \tag{3-27}$$

因为 $f(0)$ 是不依赖于 x 和 y 的一个常数，所以可以用字母 C 来表示。此时，得到了一个函数方程，将上式对 x^2 及 y^2 进行偏微分，可得：

$$f(y^2)\frac{\mathrm{d}f(x^2)}{\mathrm{d}(x^2)} = C\frac{\partial f(x^2 + y^2)}{\partial(x^2 + y^2)}\frac{\partial f(x^2 + y^2)}{\partial(x^2)} = C\frac{\partial f(x^2 + y^2)}{\partial(x^2 + y^2)} \tag{3-28}$$

$$f(x^2)\frac{\mathrm{d}f(y^2)}{\mathrm{d}(y^2)}=C\frac{\partial f(x^2+y^2)}{\partial (x^2+y^2)}\frac{\partial f(x^2+y^2)}{\partial (y^2)}=C\frac{\partial f(x^2+y^2)}{\partial (x^2+y^2)} \tag{3-29}$$

由于所得到的结果是一样的，因此可以得到：

$$f(y^2)\frac{\mathrm{d}f(x^2)}{\mathrm{d}(x^2)}=f(x^2)\frac{\mathrm{d}f(y^2)}{\mathrm{d}(y^2)} \tag{3-30}$$

整理可得：

$$\frac{1}{f(x^2)}\frac{\mathrm{d}f(x^2)}{\mathrm{d}(x^2)}=\frac{1}{f(y^2)}\frac{\mathrm{d}f(y^2)}{\mathrm{d}(y^2)} \tag{3-31}$$

上式中左边是 x 的函数，右面是 y 的函数，所以，为使方程式成立的条件就是让方程的左右两端均不依赖于自变量 x,y，也就是说，若方程的左右两端均等于一个常数，则可以摆脱对于自变量 x,y 的依赖。令其为 K，从而有：

$$\frac{1}{f(x^2)}\frac{\mathrm{d}f(x^2)}{\mathrm{d}(x^2)}=K \tag{3-32}$$

上式可化为一阶齐次线性微分方程，其解为：

$$f(x^2)=p\,\mathrm{e}^{Kx^2} \tag{3-33}$$

式中，p 为积分常数。

根据实际情况可得，远离开采区的岩石下沉的概率小，靠近开采区的岩石下沉的概率大，因此，从物理意义上说，K 一定是负值，令它等于 $(-h^2)$，代入上式可得：

$$f(x^2)=p\,\mathrm{e}^{-h^2 x^2} \tag{3-34}$$

同理可得：

$$f(y^2)=p\,\mathrm{e}^{-h^2 y^2} \tag{3-35}$$

因此，单元开采时，引起 $A(x,y,z)$ 点附近某一微面 $\mathrm{d}s$ 下沉的概率为：

$$P(\mathrm{d}s)=f(x^2)f(y^2)\mathrm{d}s=p^2\,\mathrm{e}^{-h^2(x^2+y^2)}\mathrm{d}x\mathrm{d}y \tag{3-36}$$

由于参量 p 和 h 在定义的时候都用到了开采深度，$p=\dfrac{\tan\beta}{H}$，$h=\dfrac{\sqrt{\pi}\tan\beta}{H}$，所以变量 z 在参量 p 和 h 中有所体现。

由此可见，单元开采的影响下，岩层下沉的概率分布密度为：

$$f(x,y,z)=p^2\,\mathrm{e}^{-h^2(x^2+y^2)} \tag{3-37}$$

上式表达了单元开采引起的地表及岩层下沉的空间问题所得出的下沉概率密度函数，单元开采的下沉值就等于下沉的概率密度值 $w_e=f(x)$，在平面问题中，单元开采引起的岩石单元下沉盆地 w_e 的表达式为：

$$w_e=\frac{p^2\sqrt{\pi}}{h}\mathrm{e}^{-h^2 x^2} \tag{3-38}$$

式中，p 和 h 为待定参量。

根据假设，最终的下沉盆地的体积应等于采出的体积，单元开采的采出体积为 1。因此，单元盆地的体积为：

$$v_e=\int_{-\infty}^{+\infty}w_e\mathrm{d}x=\int_{-\infty}^{+\infty}\frac{p^2\sqrt{\pi}}{h}\mathrm{e}^{-h^2 x^2}\mathrm{d}x=1 \tag{3-39}$$

其中：

$$\int_{-\infty}^{+\infty} e^{-h^2 x^2} \, \mathrm{d}x = \frac{\sqrt{\pi}}{h} \tag{3-40}$$

由于 $h = \dfrac{\sqrt{\pi}}{r}$，因此可得：

$$w_e = \frac{1}{r} e^{-\pi \frac{x^2}{r^2}} \tag{3-41}$$

克诺特影响函数(1951年)是根据实测资料提出的；随机介质理论(1954年)是利用随机游动模型，将概率关系模型泰勒级数展开到二阶项，求解偏微分方程得出下沉概率；概率积分法(1965年)是对概率密度函数关系式求导数，建立微分方程，求解微分方程得出概率密度函数。三种预计方法原理各不相同，三种方法的结论完全一致，在单元开采时，地表下沉影响函数服从 $N\left(0, \dfrac{r}{\sqrt{2\pi}}\right)$ 分布。

本章参考文献

[1] SAS J.Silvarerumprofesorastanialawaknothego[M].Krakow：Wydawnictwa AGH,2013.

[2] SROKA A.Knothe's theory：its significance for mining science and mining industry[J].Transactions of the Strata Mechanics Reserch Institute,2018,20(1)：17-23.

[3] LITWINISZYN J.Stochastic methods in mechanics of granular bodies[M].New York：Springer-Verlag Wien,1972.

[4] 刘宝琛,廖国华.煤矿地表移动的基本规律[M].北京：中国工业出版社,1965.

第 4 章 地下开采引起的地表移动变形计算方法

4 The calculation of final surface movement and deformation

地表移动变形包括两种类型:① 动态变形(在开采过程中地表移动变形);② 静态变形(开采结束后地表下沉盆地稳定后的最终移动变形)。最常用的方法是概率积分法,它是基于开采下沉概率分布函数的预计方法。本章系统介绍各种开采条件下的地表移动变形计算方法及参数变化规律。

Surface movement and deformation includes two types:(1) dynamic deformation (surface deformation in mining process);(2) static deformation (final deformation in stable subsidence after mining completion)。The most commonly used is Probability Integral Method,which is based on probability distribution function of mining subsidence. It introduces calculation methods and parameter change law of surface movement and deformation in different mining conditions.

4.1 水平煤层半无限开采主断面地表移动和变形计算

4.1.1 地表下沉

根据经典的专业教材[1,2],设下沉概率密度函数 $f(x)$ 计算坐标系如图 4-1 所示,单元 $\mathrm{d}x$ 开采引起地表 A 点的微小下沉为:

$$\mathrm{d}W_A = W_{\max} f(x)\mathrm{d}x \tag{4-1}$$

当开采区间为 $(-\infty, +\infty)$,地表 A 点的下沉达到最大:

$$W_A = \int_{-\infty}^{+\infty} W_{\max} f(x)\mathrm{d}x = W_{\max} \int_{-\infty}^{+\infty} f(x)\mathrm{d}x = W_{\max} \tag{4-2}$$

当开采区间为 (x_1, x_2),地表 A 点的下沉为:

$$W_A = W_{\max} \int_{x_1}^{x_2} f(x)\mathrm{d}x = \frac{W_{\max}}{r} \int_{x_1}^{x_2} \mathrm{e}^{-\pi\frac{x^2}{r^2}}\mathrm{d}x \tag{4-3}$$

对式(4-3)进行换元变换,设 $\lambda = \sqrt{\pi}\,\dfrac{x}{r}$,有:

$$W_A = \frac{W_{\max}}{\sqrt{\pi}} \int_{\sqrt{\pi}\frac{x_1}{r}}^{\sqrt{\pi}\frac{x_2}{r}} \mathrm{e}^{-\lambda^2}\mathrm{d}\lambda \tag{4-4}$$

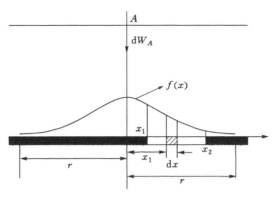

图 4-1　计算坐标系

当开采区间为 $(-x_1, +\infty)$，地表 A 点的下沉为：

$$W_A = \frac{W_{max}}{\sqrt{\pi}} \int_{-\sqrt{\pi}\frac{x_1}{r}}^{\infty} e^{-\lambda^2} d\lambda \qquad (4\text{-}5)$$

为了计算方便，将坐标原点设立在工作面开始开采处（开切眼），如图 4-2 所示，坐标平移后地表 A 点的下沉影响曲线为 $f(x-s)$，从图中可以看出：

$$W_A = W_{max} \int_0^{\infty} f(x-s) dx = W_{max} \int_{-\infty}^{s} f(x) dx = W_{max} \int_{-s}^{\infty} f(x) dx$$

$$W_A = \frac{W_{max}}{\sqrt{\pi}} \int_{-\sqrt{\pi}\frac{x_1}{r}}^{\infty} e^{-\lambda^2} d\lambda = \frac{W_{max}}{\sqrt{\pi}} \left[\int_{-\sqrt{\pi}\frac{s}{r}}^{0} e^{-\lambda^2} d\lambda + \int_0^{\infty} e^{-\lambda^2} d\lambda \right]$$

$$\int_0^{\infty} e^{-\lambda^2} d\lambda = \frac{\sqrt{\pi}}{2}$$

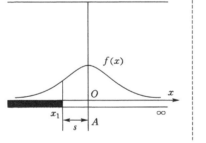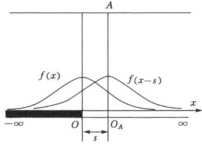

图 4-2　下沉影响函数计算坐标系

考虑到误差函数 $\mathrm{erf}(x) = \frac{2}{\sqrt{\pi}} \int_0^x e^{-t^2} dt$ 和被积函数的对称性可得：

$$W_A = \frac{W_{max}}{2} \left[\mathrm{erf}\left(\frac{\sqrt{\pi}}{r}s\right) + 1 \right] \qquad (4\text{-}6)$$

式中，s 为地表 A 点的横坐标。

所以半无限开采主断面上地表下沉剖面方程为：

$$W(x) = \frac{W_{max}}{2} \left[\mathrm{erf}\left(\frac{\sqrt{\pi}}{r}x\right) + 1 \right] \qquad (4\text{-}7)$$

4.1.2　倾斜变形

地表的倾斜变形是下沉的一阶导数,所以将下沉表达式对 x 求导,即可求得地表的倾斜表达式为:

$$i(x) = \frac{W_{max}}{r} e^{-\pi \left(\frac{x}{r}\right)^2} \tag{4-8}$$

当 $x=0$ 时,即在工作面开采线边界上方,地表有最大倾斜变形值 $i_{max} = \dfrac{W_{max}}{r}$,所以式(4-8)又可以写成:

$$i(x) = i_{max} e^{-\pi \left(\frac{x}{r}\right)^2} \tag{4-9}$$

4.1.3　曲率变形

由微分几何可知,曲率计算公式如下:

$$K(x) = \frac{\mathrm{d}^2 W(x)}{\mathrm{d}x^2} \bigg/ \left[1 + \left(\frac{\mathrm{d}W(x)}{\mathrm{d}x}\right)^2\right]^{\frac{3}{2}} \tag{4-10}$$

在地表移动盆地内,实际地表的倾斜最大也不过百分之几,所以 $\left(\dfrac{\mathrm{d}W(x)}{\mathrm{d}x}\right)^2$ 项很小,可以忽略不计,因此计算地表曲率变形的公式,可以简化成:

$$K(x) = \frac{\mathrm{d}^2 W(x)}{\mathrm{d}x^2} = \frac{\mathrm{d}i(x)}{\mathrm{d}x} = 2\pi \frac{W_{max}}{r^2} \left(-\frac{x}{r}\right) e^{-\pi \left(\frac{x}{r}\right)^2} \tag{4-11}$$

当 $x=0$ 和 $\pm\infty$ 时,$K(x)=0$。为求得曲率变形的最大值,取:

$$\frac{\mathrm{d}K(x)}{\mathrm{d}(x)} = 2\pi \frac{W_{max}}{r^3} e^{-\pi \left(\frac{x}{r}\right)^2} \left(1 - 2\pi \frac{x^2}{r^2}\right) = 0 \tag{4-12}$$

即得 $x = \pm \dfrac{r}{\sqrt{2\pi}} \approx \pm 0.4r$ 时,曲率的最大变形值为:

$$\begin{cases} -K_{max} = -\sqrt{2\pi} \dfrac{W_{max}}{r^2} e^{-\frac{1}{2}} = -1.52 \dfrac{W_{max}}{r^2} \\ x = +0.4r \end{cases} \tag{4-13}$$

$$\begin{cases} +K_{max} = \sqrt{2\pi} \dfrac{W_{max}}{r^2} e^{-\frac{1}{2}} = +1.52 \dfrac{W_{max}}{r^2} \\ x = -0.4r \end{cases} \tag{4-14}$$

将 $+K_{max}$ 代入式(4-11),得:

$$K(x) = 4.134 K_{max} \left(-\frac{x}{r}\right) e^{-\pi \left(\frac{x}{r}\right)^2} \tag{4-15}$$

$$\frac{K(x)}{K_{max}} = 4.134 \left(-\frac{x}{r}\right) e^{-\pi \left(\frac{x}{r}\right)^2} \tag{4-16}$$

根据给出的 $\dfrac{x}{r}$ 值,可以计算出相应的 $\dfrac{i(x)}{i_{max}}$ 与 $\dfrac{K(x)}{K_{max}}$ 值,详见表 4-1。

表 4-1 移动与变形分布值表[6]

$\dfrac{x}{r}$	0	±0.1	±0.2	±0.3	±0.4	±0.5	±0.6	±0.7
$A\left(\dfrac{x}{r}\right)=\dfrac{W(x)}{W_{\max}}$	0.500 0	0.598 9	0.691 9	0.773 9	0.841 9	0.894 9	0.933 5	0.960 1
	0.500 0	0.401 1	0.308 1	0.226 1	0.158 1	0.105 1	0.066 5	0.039 9
$A'\left(\dfrac{x}{r}\right)=\dfrac{i(x)}{i_{\max}}=\dfrac{U(x)}{U_{\max}}$	1.000 0	0.969 3	0.881 9	0.753 7	0.604 9	0.455 9	0.322 7	0.214 5
$A''\left(\dfrac{x}{r}\right)=\dfrac{K(x)}{K_{\max}}=\dfrac{\varepsilon(x)}{\varepsilon_{\max}}$	0	∓0.401	∓0.730	∓0.933	∓1.000	∓0.940	∓0.800	∓0.620
$\dfrac{x}{r}$	±0.8	±0.9	±1.0	±1.1	±1.2	±1.3	±1.4	±1.5
$A\left(\dfrac{x}{r}\right)=\dfrac{W(x)}{W_{\max}}$	0.977 5	0.987 9	0.993 8	0.997 1	0.998 6	0.999 4	0.999 8	0.999 9
	0.022 5	0.012 1	0.006 2	0.002 9	0.001 4	0.000 6	0.000 2	0.000 1
$A'\left(\dfrac{x}{r}\right)=\dfrac{i(x)}{i_{\max}}=\dfrac{U(x)}{U_{\max}}$	0.133 9	0.078 5	0.043 2	0.022 3	0.011 1	0.004 9	0.002 1	0.000 9
$A''\left(\dfrac{x}{r}\right)=\dfrac{K(x)}{K_{\max}}=\dfrac{\varepsilon(x)}{\varepsilon_{\max}}$	∓0.422	∓0.292	∓0.178	∓0.100	∓0.054	∓0.026	∓0.013	∓0.005

4.1.4 水平移动

地表的水平移动与地表的倾斜成正比,即:

$$U(x)=B\frac{\mathrm{d}W(x)}{\mathrm{d}x}=Bi(x) \tag{4-17}$$

根据研究有 $B=br$,其中 b 为实测水平移动系数;r 为主要影响半径。从而得到沿主断面水平移动表达式:

$$U(x)=bW_{\max}\mathrm{e}^{-\pi\left(\frac{x}{r}\right)^2}=U_{\max}\mathrm{e}^{-\pi\left(\frac{x}{r}\right)^2} \tag{4-18}$$

4.1.5 水平变形

将水平移动表达式对 x 求导,可得水平变形表达式:

$$\varepsilon(x)=\frac{\mathrm{d}U(x)}{\mathrm{d}x}=2\pi b\frac{W_{\max}}{r}\left(-\frac{x}{r}\right)\mathrm{e}^{-\pi\left(\frac{x}{r}\right)^2} \tag{4-19}$$

将上式与求曲率的公式对比可知,当 $x=0$ 和 $\pm\infty$ 时,$\varepsilon(x)=0$;当 $x=\pm\dfrac{r}{\sqrt{2\pi}}\approx\pm0.4r$ 时,有水平变形的最大值:

$$\begin{cases}-\varepsilon_{\max}=-1.52b\dfrac{W_{\max}}{r}\\x=+0.4r\end{cases} \tag{4-20}$$

$$\begin{cases}+\varepsilon_{\max}=+1.52b\dfrac{W_{\max}}{r}\\r=-0.4r\end{cases} \tag{4-21}$$

由此可得:

$$\varepsilon(x) = 4.134\varepsilon_{\max}\left(-\frac{x}{r}\right)e^{-\pi\left(\frac{x}{r}\right)^2} \tag{4-22}$$

根据给出的 $\frac{x}{r}$，可以计算出相应的 $\frac{U(x)}{U_{\max}}$ 和 $\frac{\varepsilon(x)}{\varepsilon_{\max}}$ 值，详见表 4-1。

说明：当 $\frac{x}{r}$ 为"+"值时，$A\left(\frac{x}{r}\right)$ 取上一行的数，$A''\left(\frac{x}{r}\right)$ 取"−"号；当为 $\frac{x}{r}$ "−"值时，$A\left(\frac{x}{r}\right)$ 取下一行的数，$A''\left(\frac{x}{r}\right)$ 取"+"号。

4.1.6　水平煤层半无限开采主断面地表移动与变形分布系数

下沉分布系数：

$$A\left(\frac{x}{r}\right) = \frac{W(x)}{W_{\max}} = \frac{1}{2}\left[\operatorname{erf}\left(\sqrt{\pi}\,\frac{x}{r}\right) + 1\right] \tag{4-23}$$

倾斜与水平移动分布系数：

$$A'\left(\frac{x}{r}\right) = \frac{i(x)}{i_{\max}} = \frac{U(x)}{U_{\max}} = e^{-\pi\left(\frac{x}{r}\right)^2} \tag{4-24}$$

水平变形与曲率分布系数：

$$A''\left(\frac{x}{r}\right) = \frac{K(x)}{K_{\max}} = \frac{\varepsilon(x)}{\varepsilon_{\max}} = 4.134\left(-\frac{x}{r}\right)e^{-\pi\left(\frac{x}{r}\right)^2} \tag{4-25}$$

由表 4-1 可得移动与变形分布图，如图 4-3 所示。

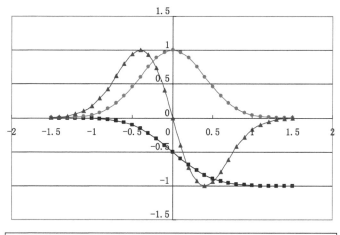

图 4-3　移动与变形分布曲线图

4.2　水平煤层有限开采主断面地表移动和变形计算

为讨论方便起见，假设沿 y 方向开采尺寸为 $y \in (-\infty, +\infty)$，已达到充分采动，而沿 x 方向开采尺寸为 $x \in [0, l]$，为非充分采动，即所谓的有限开采。设有一矩形采区，拐点偏移距为 s_0，计算坐标系如图 4-4 所示。

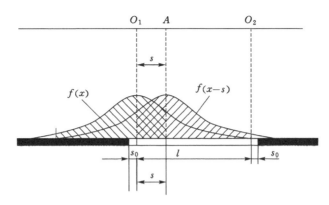

图 4-4　有限开采主断面下沉影响图

4.2.1　地表下沉

在有限开采条件下,以左边界 O_1 点为计算原点,A 点的横坐标为 $x_A = s$,其下沉为:

$$W_A = W_{\max} \int_0^l f(x - s) \mathrm{d}x = W_{\max} \int_{-s}^{l-s} f(x) \mathrm{d}x$$

$$= \frac{W_{\max}}{r} \int_{-s}^{l-s} \mathrm{e}^{-\pi\left(\frac{x}{r}\right)^2} \mathrm{d}x \tag{4-26}$$

作换元变换,令 $\lambda = \sqrt{\pi}\,\dfrac{x}{r}$ 则 $\mathrm{d}x = \dfrac{r}{\sqrt{\pi}}\mathrm{d}\lambda$,相应的积分限变为 $-\sqrt{\pi}\,\dfrac{s}{r}$ 和 $\sqrt{\pi}\,\dfrac{l-s}{r}$,可得:

$$W_A = \frac{W_{\max}}{\sqrt{\pi}} \int_{-\sqrt{\pi}\frac{s}{r}}^{\sqrt{\pi}\frac{l-s}{r}} \mathrm{e}^{-\lambda^2} \mathrm{d}\lambda = \frac{W_{\max}}{\sqrt{\pi}}\left[\int_{-\sqrt{\pi}\frac{s}{r}}^{0} \mathrm{e}^{-\lambda^2} \mathrm{d}\lambda + \int_0^{\sqrt{\pi}\frac{l-s}{r}} \mathrm{e}^{-\lambda^2} \mathrm{d}\lambda\right] \tag{4-27}$$

当 A 点为 x 轴上任意点时,即得有限开采时的下沉值为:

$$W^0(x) = \frac{W_{\max}}{\sqrt{\pi}}\left[\int_{-\sqrt{\pi}\frac{x}{r}}^{0} \mathrm{e}^{-\lambda^2} \mathrm{d}\lambda + \int_0^{\sqrt{\pi}\frac{l-x}{r}} \mathrm{e}^{-\lambda^2} \mathrm{d}\lambda\right]$$

$$= \frac{W_{\max}}{2}\left\{\left[\mathrm{erf}\left(\sqrt{\pi}\,\frac{x}{r}\right) + 1\right] - \left[\mathrm{erf}\left(\sqrt{\pi}\,\frac{x-l}{r}\right) + 1\right]\right\}$$

$$= W(x) - W(x - l) \tag{4-28}$$

式中,$W(x) = \dfrac{W_{\max}}{2}\left[\mathrm{erf}\left(\sqrt{\pi}\,\dfrac{x}{r}\right) + 1\right]$ 为以左边界 O_1 为计算原点的半无限开采时的下沉曲

线表达式;$W(x - l) = \dfrac{W_{\max}}{2}\left[\mathrm{erf}\left(\sqrt{\pi}\,\dfrac{x-l}{r}\right) + 1\right]$ 为以右边界 O_2 为计算原点的半无限开采

时的下沉曲线表达式。有限开采时沿主断面的下沉剖面函数,为两个半无限开采剖面函数的叠加。以左边界 O_1 为原点的下沉曲线取正号,以右边界 O_2 为原点的则取负号,利用作图几何叠加而得 $W^0(x)$,如图 4-5 所示。

在水平煤层有限开采条件下,由于下沉曲线对称,最大下沉值将出现在下沉盆地中心,即 $x = \dfrac{l}{2}$ 处,此时有限开采地表最大下沉值为:

$$W_{\max}^0\left(x = \frac{l}{2}\right) = \frac{W_{\max}}{2}\left[\mathrm{erf}\left(\frac{\sqrt{\pi}}{r} \cdot \frac{l}{2}\right) - \mathrm{erf}\left(-\frac{\sqrt{\pi}}{r} \cdot \frac{l}{2}\right)\right]$$

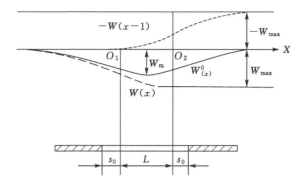

图 4-5　有限开采时下沉曲线叠加图

$$= W_{max} \, \mathrm{erf}\left(\frac{\sqrt{\pi}}{r} \cdot \frac{l}{2}\right) \qquad (4\text{-}29)$$

令：

$$n_x = \mathrm{erf}\left(\frac{\sqrt{\pi}}{r} \cdot \frac{l}{2}\right) \qquad (4\text{-}30)$$

则有：

$$W_{max}^0\left(x = \frac{l}{2}\right) = W_{max} n_x \qquad (4\text{-}31)$$

因此，n_x 是沿工作面走向方向的采动程度参数；l 为工作面的计算长度，它可以 $\left(\frac{\sqrt{\pi}}{r} \cdot \frac{l}{2}\right)$ 为引数求取，查表 4-2 获取。根据表 4-2 中数据，当 $\frac{l}{r} \geqslant 2.0$ 时，采动系数 n_x 趋近 1.0，因此可以认为：当计算开采宽度 l 为主要影响半径的 2 倍时，即 $l \approx 2r$ 时，沿此方向即达到充分采动。在实际开采中，沿工作面倾斜方向（y 轴方向）也是一个采动程度问题，因此，在水平煤层双向有限开采条件下，沿工作面走向（x 轴方向）和沿工作面倾向（y 轴方向）的采动程度系数分别为 $n_x = \mathrm{erf}\left(\frac{\sqrt{\pi}}{2} \cdot \frac{l}{r}\right)$，$n_y = \mathrm{erf}\left(\frac{\sqrt{\pi}}{2} \cdot \frac{L}{r}\right)$，地表双向非充分采动最大下沉值为：

$$W_{max}^0\left(x = \frac{l}{2}, y = \frac{L}{2}\right) = W_{max} \, \mathrm{erf}\left(\frac{\sqrt{\pi}}{r} \cdot \frac{l}{2}\right) \cdot \mathrm{erf}\left(\frac{\sqrt{\pi}}{r} \cdot \frac{L}{2}\right) = W_{max} n_x n_y \qquad (4\text{-}32)$$

式中，l 和 L 分别为工作面走向和倾向的计算开采宽度；采动程度系数 n_x 和 n_y 可以利用表 4-2 查取。

表 4-2　采动程度系数计算表

l/r	0	0.2	0.4	0.6	0.8	1.0	1.2	1.4	1.6	1.8	2.0
$\mathrm{erf}\left(\frac{\sqrt{\pi}}{2} \times \frac{l}{r}\right)$	0	0.198	0.383	0.547	0.684	0.789	0.867	0.920	0.955	0.976	0.988

4.2.2 倾斜和曲率变形

倾斜变形：

$$i^0(x) = \frac{\mathrm{d}W^0(x)}{\mathrm{d}x} = \frac{W_{\max}}{r}\left[\mathrm{e}^{-\pi\left(\frac{x}{r}\right)^2} - \mathrm{e}^{-\pi\left(\frac{x-l}{r}\right)^2}\right] = i(x) - i(x-l) \quad (4\text{-}33)$$

曲率变形：

$$K^0(x) = \frac{\mathrm{d}i^0(x)}{\mathrm{d}x} = \frac{2\pi W_{\max}}{r^2}\left[-\frac{x}{r}\mathrm{e}^{-\pi\left(\frac{x}{r}\right)^2} - \left(-\frac{x-l}{r}\right)\mathrm{e}^{-\pi\left(\frac{x-l}{r}\right)^2}\right] = K(x) - K(x-l)$$

$$(4\text{-}34)$$

4.2.3 水平移动与水平变形

水平移动：

$$U^0(x) = bW_{\max}\left[\mathrm{e}^{-\pi\left(\frac{x}{r}\right)^2} - \mathrm{e}^{-\pi\left(\frac{x-l}{r}\right)^2}\right] = U(x) - U(x-l) \quad (4\text{-}35)$$

水平变形：

$$\varepsilon^0(x) = \frac{\mathrm{d}U^0(x)}{\mathrm{d}x} = BK^0(x) = \frac{2\pi}{r}bW_{\max}\left[-\frac{x}{r}\mathrm{e}^{-\pi\left(\frac{x}{r}\right)^2} - \left(-\frac{x-l}{r}\right)\mathrm{e}^{-\pi\left(\frac{x-l}{r}\right)^2}\right]$$

$$= \varepsilon(x) - \varepsilon(x-l) \quad (4\text{-}36)$$

4.2.4 水平煤层有限开采主断面地表移动与变形值计算公式

走向主断面：

$$\begin{cases} W^0(x) = [W(x) - W(x-l)] \\ i^0(x) = [i(x) - i(x-l)] \\ K^0(x) = [K(x) - K(x-l)] \\ U^0(x) = [U(x) - U(x-l)] \\ \varepsilon^0(x) = [\varepsilon(x) - \varepsilon(x-l)] \end{cases} \quad (4\text{-}37)$$

倾向主断面：

$$\begin{cases} W^0(y) = [W(y) - W(y-L)] \\ i^0(y) = [i(y) - i(y-L)] \\ K^0(y) = [K(y) - K(y-L)] \\ U^0(y) = [U(y) - U(y-L)] \\ \varepsilon^0(y) = [\varepsilon(y) - \varepsilon(y-L)] \end{cases} \quad (4\text{-}38)$$

式中，l 为采区走向计算长度；L 为采区倾向计算长度。

4.3 非主断面地表移动和变形预计

前面讨论了沿主断面的地表移动和变形的预计方法，在实际工作中，经常要求解非主断面内的地表移动问题。主断面外的移动预计是以主断面内的移动与变形分布为基础的，其内容包括：地表移动盆地内任意点沿任意方向的移动和变形；主变形和主变形方向。本节讨论的计算方法，仅适用于水平煤层矩形工作面。由于研究任意点的移动与变形时所用的符

号较多,为避免混淆,现将有关的符号规定如下:

W_{max}:充分采动时的最大下沉值;

$W(x)$,$W(y)$:分别表示半无限开采走向主断面和倾斜主断面的下沉;

$W(x,y)$:坐标为(x,y)点的下沉;

$\xi(x,y,\varphi)$:坐标为(x,y)的点沿τ方向的变形,φ角是由x轴正方向逆时针旋转至地表移动计算方向τ所夹的水平角度;

4.3.1　地表移动盆地内任意点下沉变形计算

地表移动本是个三维问题,即地表点A的下沉是沿走向(x轴方向)和倾向(y轴方向)两个方向开采的结果。从影响函数的理论出发,在三维条件下,某采区开采后引起地表点A的下沉值为:

$$W_A = W_{max} \iint\limits_F f(x,y)\mathrm{d}F \tag{4-39}$$

式中,$f(x,y)$为空间概率密度函数,如图 4-6 所示。

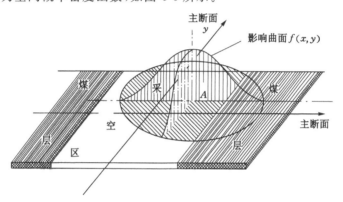

图 4-6　空间影响函数示意图

设一水平煤层矩形工作面沿走向的计算开采长度为l,沿倾向的计算开采宽度为L,开采尺寸分别为$x \in [0,l]$,$y \in [0,L]$,考虑到x,y方向概率的独立性,则A点的下沉值为:

$$W(x,y)_A = W_{max} \iint\limits_F f(x,y)\mathrm{d}F = W_{max} \iint\limits_F f(x)f(y)\mathrm{d}x\,\mathrm{d}y \tag{4-40}$$

现以工作面的左下角为坐标原点,则A点的下沉值为:

$$W(x,y)_A = \frac{1}{W_{max}} W^0(x)W^0(y) \tag{4-41}$$

$$
\begin{aligned}
W(x,y)_A &= W_{max} \times \frac{1}{2}\left\{\left[\mathrm{erf}\left(\sqrt{\pi}\,\frac{x}{r}\right)+1\right]-\left[\mathrm{erf}\left(\sqrt{\pi}\,\frac{x-l}{r}\right)+1\right]\right\} \times \\
&\quad \frac{1}{2}\left\{\left[\mathrm{erf}\left(\sqrt{\pi}\,\frac{y}{r_1}\right)+1\right]-\left[\mathrm{erf}\left(\sqrt{\pi}\,\frac{y-L}{r_2}\right)+1\right]\right\} \\
&= \frac{1}{W_{max}}[W(x)-W(x-l)][W(y)-W(y-L)]
\end{aligned}
\tag{4-42}
$$

式(4-42)进一步化简可得:

$$W(x,y)_A = \frac{1}{W_{\max}}W^0(x)W^0(y) = W_{\max} \cdot \frac{W^0(x)}{W_{\max}} \cdot \frac{W^0(y)}{W_{\max}} \tag{4-43}$$

令 $C(x) = \dfrac{W^0(x)}{W_{\max}}, C(y) = \dfrac{W^0(y)}{W_{\max}}$，则有：

$$C(x) = \frac{1}{2}\left\{\left[\mathrm{erf}\left(\sqrt{\pi}\,\frac{x}{r}\right)+1\right] - \left[\mathrm{erf}\left(\sqrt{\pi}\,\frac{x-l}{r}\right)+1\right]\right\} = A\left(\frac{x}{r}\right) - A\left(\frac{x-l}{r}\right) \tag{4-44}$$

$$C(y) = \frac{1}{2}\left\{\left[\mathrm{erf}\left(\sqrt{\pi}\,\frac{y}{r_1}\right)+1\right] - \left[\mathrm{erf}\left(\sqrt{\pi}\,\frac{y-L}{r_2}\right)+1\right]\right\} = A\left(\frac{y}{r_1}\right) - A\left(\frac{y-L}{r_2}\right)$$
$$\tag{4-45}$$

$C(x)$ 和 $C(y)$ 分别称为 $A(x,y)$ 点沿走向和倾斜的下沉分布系数。

当 $x = \dfrac{l}{2}, y = \dfrac{L}{2}$ 时，A 点即为该采区的几何中心点，则有：

$$C\left(x = \frac{l}{2}\right) = \frac{1}{2}\left\{2\mathrm{erf}\left(\frac{\sqrt{\pi}}{2} \cdot \frac{l}{r}\right)\right\} = \mathrm{erf}\left(\frac{\sqrt{\pi}}{2} \cdot \frac{l}{r}\right) = n_x \tag{4-46}$$

$$C\left(y = \frac{L}{2}\right) = \frac{1}{2}\left\{2\mathrm{erf}\left(\frac{\sqrt{\pi}}{2} \cdot \frac{L}{\overline{r}}\right)\right\} = \mathrm{erf}\left(\frac{\sqrt{\pi}}{2} \cdot \frac{L}{\overline{r}}\right) = n_y \tag{4-47}$$

式中 $\overline{r} = \dfrac{r_1 + r_2}{2}$，则 A 点的下沉可以表示为：

$$W_A = W_{\max}C\left(x = \frac{l}{2}\right)C\left(y = \frac{L}{2}\right) = W_{\max}n_x n_y \tag{4-48}$$

上述计算分析说明了水平煤层开采下沉分布系数与充分采动程度系数之间的关系。

4.3.2 地表移动盆地内任意点移动和变形计算

地表移动变形具有方向性，同一点不同方向地表移动变形不同，因此，在计算地表移动变形时，必须考虑其方向性。设 τ 方向与 x 轴正方向逆时针的夹角为 φ，则 τ 方向的移动变形计算方法如下。

沿 τ 方向的倾斜：

$$
\begin{aligned}
i(x,y,\varphi) &= \frac{\partial W(x,y)}{\partial \tau} = \frac{\partial W(x,y)}{\partial x}\cos\varphi + \frac{\partial W(x,y)}{\partial y}\sin\varphi \\
&= \frac{1}{W_{\max}}[i^0(x)W^0(y)\cos\varphi + W^0(x)i^0(y)\sin\varphi] \\
&= i^0(x)C(y)\cos\varphi + i^0(y)C(x)\sin\varphi
\end{aligned} \tag{4-49}
$$

沿 τ 方向的曲率：

$$
\begin{aligned}
K(x,y,\varphi) &= \frac{\partial i(x,y,\varphi)}{\partial \tau} = \frac{\partial i(x,y,\varphi)}{\partial x} \cdot \cos\varphi + \frac{\partial i(x,y,\varphi)}{\partial y} \cdot \sin\varphi \\
&= \frac{1}{W_{\max}}[K^0(x)W^0(y)\cos^2\varphi + K^0(y)W^0(x)\sin^2\varphi + \\
&\quad i^0(x)i^0(y)\sin 2\varphi]
\end{aligned} \tag{4-50}
$$

沿 τ 方向的水平移动：

$$U(x,y,\varphi) = \mathrm{b}ri(x,y,\varphi) = \frac{1}{W_{\max}}[U^0(x)W^0(y)\cos\varphi + U^0(y)W^0(x)\sin\varphi] \tag{4-51}$$

沿 τ 方向的水平变形：

$$\varepsilon(x,y,\varphi) = brK(x,y,\varphi)$$

$$= \frac{1}{W_{max}} \left\{ \begin{array}{l} \varepsilon^0(x)W^0(y)\cos^2\varphi + \varepsilon^0(y)W^0(x)\sin^2\varphi + \\ [U^0(x)i^0(y) + U^0(y)i^0(x)]\sin\varphi\cos\varphi \end{array} \right\} \qquad (4\text{-}52)$$

过 $A(x,y)$ 点最大倾斜出现在 $\varphi = \varphi_i$ 处，根据最大值的条件，应有：

$$\left. \frac{\partial i(x,y,\varphi)}{\partial \varphi} \right|_{\varphi=\varphi_i} = 0 \qquad (4\text{-}53)$$

最大倾斜方向：

$$\varphi_i = \arctan \frac{W^0(x)i^0(y)}{i^0(x)W^0(y)} \qquad (4\text{-}54)$$

将 φ_i 值代入式(4-49)可得最大倾斜值 $i(x,y,\varphi_i)_{max}$。

由于水平移动和倾斜成正比，所以最大倾斜方向 φ_i 也是水平移动最大值出现的方向。将 φ_i 带入式(4-51)可得最大水平移动 $U(x,y,\varphi_i)_{max}$。

$A(x,y)$ 点的最大曲率出现在 $\varphi = \varphi_K$ 处，仿照上述则有：

$$\left. \frac{\partial K(x,y,\varphi)}{\partial \varphi} \right|_{\varphi=\varphi_K} = 0 \qquad (4\text{-}55)$$

最大曲率和水平变形方向：

$$\varphi_K = \frac{1}{2}\arctan \frac{2i^0(x)i^0(y)}{K^0(x)W^0(y) - K^0(y)W^0(x)} \qquad (4\text{-}56)$$

将 φ_K 值代入式(4-50)可得最大曲率值 $K(x,y,\varphi_K)_{max}$。同理，最大水平变形也出现在 φ_K 方向，其值可以将 φ_K 值代入式(4-52)，求得最大水平变形值 $\varepsilon(x,y,\varphi_K)_{max}$。

4.4　倾斜煤层开采时主断面内地表移动和变形计算

倾斜煤层与水平煤层开采相比，地表移动规律有一定的差异。倾斜煤层开采地表下沉盆地具有以下特征[1]：

① 由于煤层和覆岩倾斜，煤层采空后顶板覆岩法向弯曲下沉，开采影响的传播不是垂直向上，而是沿着某一个角度 θ 向地表传播。通常 $\theta < 90°$，因此下沉盆地的最大下沉偏向下山方向，称这个 θ 角为开采影响传播角。

② 下沉盆地具有明显的非对称性。下山边界处，由于开采深度较大，下沉影响波及就较远，地表相对比较平缓；而上山边界处，由于开采深度较小，下沉影响的范围扩展较小，地表的倾斜就比较大。因此，在倾斜煤层条件下，有下山和上山开采主要影响半径之分。

③ 由于煤层和覆岩倾斜，地下开采后，顶板覆岩冒落、弯曲，基本上是沿着近似煤层法线方向向上传播，即遵循"法向移动"规律，如图 4-7 所示。岩层近似"法向"移动，它有两个分量，一个是垂直下沉，另一个是向着上山方向的水平移动分量。由于这个水平移动分量的存在，使得地表除正常的弯曲下沉所产生的水平分量外，又增加了一个附加的向上山方向的水平移动，其值近似为 $W_{y_i}\cot\theta$。从而使下山方向的水平移动增大，上山方向的水平移动相对减小，水平移动的零点与最大下沉点也不重合。

倾斜煤层开采时，假设走向开采达到充分采动，则地表下沉表达式仍旧可以应用水平煤

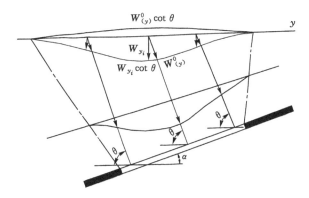

图 4-7　倾斜煤层开采法向移动示意图[1]

层有限开采时的下沉剖面函数和叠加原理求得。只不过一个半无限开采边界取在上山方向拐点处，该值为正，另一个半无限开采边界取在下山方向拐点处，其值取负，同时上下山主要影响半径取不同的值 r_1、r_2。

下沉：

$$W^0(y) = \frac{W_{\max}}{\sqrt{\pi}} \left[\int_{-\sqrt{\pi}\frac{y}{r_1}}^{\infty} e^{-\lambda^2} d\lambda - \int_{-\sqrt{\pi}\frac{y-l_2}{r_2}}^{\infty} e^{-\lambda^2} d\lambda \right]$$

$$= \frac{W_{\max}}{2} \left\{ \left[\mathrm{erf}\left(\sqrt{\pi}\, \frac{y}{r_1}\right) + 1 \right] - \left[\mathrm{erf}\left(\sqrt{\pi}\, \frac{y-L}{r_2}\right) + 1 \right] \right\}$$

$$= W(y) - W(y-L) \tag{4-57}$$

倾斜：

$$i^0(y) = \frac{dW^0(y)}{dy} = W_{\max} \left[\frac{1}{r_1} e^{-\pi\left(\frac{y}{r_1}\right)^2} - \frac{1}{r_2} e^{-\pi\left(\frac{y-L}{r_2}\right)^2} \right] = i(y) - i(y-L) \tag{4-58}$$

曲率变形：

$$K^0(y) = \frac{di^0(y)}{dy} = -2\pi W_{\max} \left[\frac{y}{r_1^2} e^{-\pi\left(\frac{y}{r_1}\right)^2} - \frac{y-l_2}{r_2^2} e^{-\pi\left(\frac{y-L}{r_2}\right)^2} \right] = K(y) - K(y-L)$$

$$\tag{4-59}$$

对于水平移动和水平变形，由于开采倾斜煤层，覆岩沿"法向弯曲"产生了一个附加的向上山方向的水平移动分量，因此，沿倾斜断面的水平移动，将由三项几何叠加而得：

$$U^0(y) = bW_{\max} \left[e^{-\pi\left(\frac{y}{r_1}\right)^2} - e^{-\pi\left(\frac{y-L}{r_2}\right)^2} \right] +$$

$$\frac{W_{\max}}{\sqrt{\pi}} \cot\theta \left[\int_{-\sqrt{\pi}\frac{y}{r_1}}^{\infty} e^{-\lambda^2} d\lambda - \int_{-\sqrt{\pi}\frac{y-l_2}{r_2}}^{\infty} e^{-\lambda^2} d\lambda \right]$$

$$= U(y) - U(y-L) + W^0_{(y)} \cot\theta \tag{4-60}$$

沿倾斜主断面的水平变形 $\varepsilon^0(y)$，也将由三项几何叠加而得：

$$\varepsilon^0(y) = \frac{dU^0(y)}{dy} = -2\pi bW_{\max} \left[\frac{y}{r_1^2} e^{-\pi\left(\frac{y}{r_1}\right)^2} - \frac{y-l_2}{r_2^2} e^{-\pi\left(\frac{y-L}{r_2}\right)^2} \right] +$$

$$W_{\max}\cot\ \theta\left[\frac{1}{r_1}\mathrm{e}^{-\pi\left(\frac{y}{r_1}\right)^2}-\frac{1}{r_2}\mathrm{e}^{-\pi\left(\frac{y-L}{r_2}\right)^2}\right]$$

$$=\varepsilon(y)-\varepsilon(y-L)+i^0_{(y)}\cot\ \theta \tag{4-61}$$

倾斜煤层开采主断面地表移动和变形计算公式汇总：

$$\begin{cases} W^0(y)=[W(y)-W(y-L)] \\ i^0(y)=[i(y)-i(y-L)] \\ K^0(y)=[K(y)-K(y-L)] \\ U^0(y)=[U(y)-U(y-L)]+W^0(y)\cot\ \theta \\ \varepsilon^0(y)=[\varepsilon(y)-\varepsilon(y-L)]+i^0(y)\cot\ \theta \end{cases} \tag{4-62}$$

根据实际经验,我国在《煤矿测量手册》中规定,当煤层倾角 $\alpha\leqslant15°$ 时,公式(4-62)中的 $W^0_{(y)}\cot\ \theta$ 与 $i^0_{(y)}\cot\ \theta$ 可以忽略不计,一般认为概率积分法只适用于煤层倾角 $\alpha<45°$ 的条件下。

4.5　地表动态变形预计

4.5.1　地表动态下沉函数模型

4.5.1.1　地表动态下沉函数第一类模型[17]

地表动态下沉函数第一类模型是把地表最大下沉值 $W_{\max}$ 视作常数,Salustowicz(1951)建议由以下基本微分方程出发,来研究地表点下沉的时间和过程,即：

$$\frac{\mathrm{d}W(t)}{\mathrm{d}t}=C[W_{\max}-W(t)] \tag{4-63}$$

式中, $W(t)$ 为某点在 t 瞬间的下沉量; $W_{\max}$ 为某点在经过无限长时间后可达的最终下沉量; C 为取决于岩石性质的地表下沉速度系数。

如果认为 $W_{\max}$ 不随时间变化,这种情况只有在假设煤层的某部分瞬间被突然采出时才可能实现,并且取初始条件为 $t=0,W(t)=0$,此时,微分方程的解为：

$$W(t)=W_{\max}(1-\mathrm{e}^{-Ct}) \tag{4-64}$$

由式(4-64)对 t 求导,可得地表点下沉速度表达式为：

$$V(t)=CW_{\max}\mathrm{e}^{-Ct} \tag{4-65}$$

由式(4-65)再对 t 求导,得地表点下沉加速度表达式为：

$$a(t)=-C^2W_{\max}\mathrm{e}^{-Ct} \tag{4-66}$$

地表动态下沉曲线如图 4-8 所示：

4.5.1.2　地表动态下沉函数第二类模型[3]

地表动态下沉函数第二类模型是由 Knothe(1953)提出的,把最大下沉值视作时间的函数,即 $W_{\max}(t)$ 与时间有关,其微分方程如下：

$$\frac{\mathrm{d}W(t)}{\mathrm{d}t}=C[W_{\max}(t)-W(t)] \tag{4-67}$$

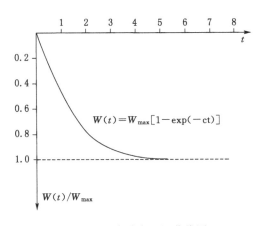

图 4-8　地表动态下沉曲线图

4.5.1.3　地表动态下沉函数第三类模型

地表动态下沉函数第三类模型是由 Trojannowski（1972）提出的，把地表下沉速度系数视作与时间有关的变量，其微分方程如下：

$$\frac{dW(t)}{dt} = C(t)\left[W_{max}(t) - W(t)\right] \tag{4-68}$$

4.5.1.4　地表动态下沉函数第四类模型

地表动态下沉函数第四类模型是由 Sroka-Schober（1983）提出的双函数模型：

$$\frac{dW(t)}{dt} = \left[1 + \frac{\xi}{C-\xi}\exp(-ct) - \frac{C}{C-\xi}\exp(-\xi t)\right] \tag{4-69}$$

式中，C 和 ξ 为模型参数。

描述地表动态下沉的函数模型不仅要较好地拟合地表点的下沉曲线，而且求出的下沉速度、下沉加速度也要符合地表移动的物理过程，已有多种描述地表动态下沉函数的模型[4-6]。

4.5.2　基于第一类模型的地表动态变形计算

4.5.2.1　地表动态移动变形计算

设厚度为 m 的煤层，埋藏深为 H，工作面以等速 v、自 $x=0$ 点、于 $t=0$ 瞬间开始向左连续开采。在 t 瞬间的开采宽度为 l，则 $l=vt$，取 xOz 及 sOz 直角坐标系如图 4-9 所示，计算地表坐标为 x 的 p 点的下沉值。

根据概率积分法，地表单元动态下沉盆地为：

$$W_e = \frac{1}{r}\left[1 - e^{-ct}\right]e^{-\pi\frac{x^2}{r^2}} \tag{4-70}$$

设在时间间隔 $(0, t)$ 之内的任意瞬间 τ，采出一个微小单元煤层 ds，其坐标为 $s=v\tau$。再设煤层采出以后顶板的下沉为 $W(s)$，则顶板下移的体积为 $W(s)ds$。因坐标原点不在单元开采的正上方，因此公式（4-70）中应以 $(x+s)$ 代替 x，又因此单元开采是在 τ 瞬间进行的，故应以 $(t-\tau)$ 代替 t，因此，在单元开采 ds 的影响下地表下沉盆地为：

$$W_e(x, t) = \frac{1}{r}\left[1 - e^{-c(t-\tau)}\right] \cdot e^{-\pi\frac{(x+s)^2}{r^2}} \cdot W(s)ds \tag{4-71}$$

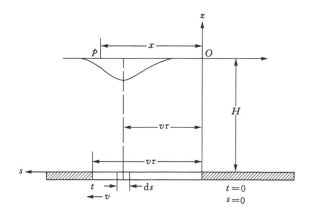

图 4-9　计算坐标系

根据叠加原理，当开采宽度为 l 时，所引起的地表移动变形分别为：

（1）地表下沉

$$W(x,t)=\int_{0}^{l}\frac{1}{r}\big[1-\mathrm{e}^{-c(t-\tau)}\big]\mathrm{e}^{-\pi\frac{(x+s)^2}{r^2}}w(s)\mathrm{d}s$$

$$W(x,t)=\frac{W_{\max}}{\sqrt{\pi}}\left[\int_{\frac{\sqrt{\pi}}{r}x}^{\frac{\sqrt{\pi}}{r}(x+vt)}\exp(-\lambda^2)\mathrm{d}\lambda-\exp\left(\frac{c^2r^2}{4\pi v^2}-\frac{c}{v}x-ct\right)\cdot\int_{\frac{\sqrt{\pi}}{r}x-\frac{cr}{2v\sqrt{\pi}}}^{\frac{\sqrt{\pi}}{r}(x+vt)-\frac{cr}{2v\sqrt{\pi}}}\exp(-\lambda^2)\mathrm{d}\lambda\right]$$

$$(4\text{-}72)$$

（2）水平移动

$$U(x,t)=\frac{BW_{\max}}{\sqrt{\pi}}\left\{\frac{c}{v}\exp\left(\frac{c^2r^2}{4\pi v^2}-\frac{c}{v}x-ct\right)\left[\mathrm{erf}\left(\frac{\sqrt{\pi}}{r}x+\frac{\sqrt{\pi}}{r}vt-\frac{cr}{2v\sqrt{\pi}}\right)-\right.\right.$$

$$\left.\left.\mathrm{erf}\left(\frac{\sqrt{\pi}}{r}x-\frac{cr}{2v\sqrt{\pi}}\right)\right]-\frac{\sqrt{\pi}}{r}\exp\left(-\pi\frac{x^2}{r^2}\right)(1-\mathrm{e}^{-ct})\right\}\qquad(4\text{-}73)$$

（3）倾斜

$$T(x,t)=\frac{cW_{\max}}{\sqrt{\pi}}\left\{\frac{c}{v}\exp\left(\frac{c}{v}\exp\left(\frac{c^2r^2}{4\pi v^2}-\frac{c}{v}x-ct\right)\cdot\left[\mathrm{erf}\left(\frac{\sqrt{\pi}}{r}x-\frac{\sqrt{\pi}}{r}vt-\right.\right.\right.\right.$$

$$\left.\left.\left.\left.\frac{cr}{2v\sqrt{\pi}}\right)-\mathrm{erf}\left(\frac{\sqrt{\pi}}{r}x-\frac{cr}{2v\sqrt{\pi}}\right)\right]-\frac{\sqrt{\pi}}{r}\exp\left(-\pi\frac{x^2}{r^2}\right)(1-\mathrm{e}^{-ct})\right\}\quad(4\text{-}74)$$

（4）曲率

$$K(x,t)=\frac{cW_{\max}}{rv}\left\{\exp\left[-\frac{\pi}{r^2}(x+vt)^2\right]-\exp\left[-\pi\frac{x^2}{r^2}-ct\right]-\right.$$

$$\frac{cr}{v\sqrt{\pi}}\exp\left(\frac{c^2r^2}{4\pi v^2}-\frac{c}{v}x-ct\right)\left[\mathrm{erf}\left(\frac{\sqrt{\pi}}{r}x+\frac{\sqrt{\pi}}{r}vt-\frac{cr}{2v\sqrt{\pi}}\right)-\right.$$

$$\left.\left.\mathrm{erf}\left(\frac{\sqrt{\pi}}{r}x-\frac{cr}{2v\sqrt{\pi}}\right)\right]\right\}+\frac{2\pi W_{\max}}{r^3}x\cdot\exp\left[-\pi\frac{x^2}{r^2}\right](1-\mathrm{e}^{-ct})\quad(4\text{-}75)$$

（5）水平变形

$$\varepsilon(x,t) = \frac{\partial U(x,t)}{\partial x} = B\frac{\partial^2 W(x,t)}{\partial x^2} = BK(x,t)$$

$$= \frac{BcW_{\max}}{rv}\left\{\exp\left[-\frac{\pi}{r^2}(x+vt)^2\right] - \exp\left[-\pi\frac{x^2}{r^2} - ct\right] - \right.$$

$$\frac{cr}{v\sqrt{\pi}}\exp\left(\frac{c^2r^2}{4\pi v^2} - \frac{c}{v}x - ct\right)\left[\mathrm{erf}\left(\frac{\sqrt{\pi}}{r}x + \frac{\sqrt{\pi}}{r}vt - \frac{cr}{2v\sqrt{\pi}}\right) - \right.$$

$$\left.\left.\mathrm{erf}\left(\frac{\sqrt{\pi}}{r}x - \frac{cr}{2v\sqrt{\pi}}\right)\right]\right\} - \frac{2\pi BW_{\max}}{r^3}x\cdot\exp\left[-\pi\frac{x^2}{r^2}\right](1-\mathrm{e}^{-ct}) \quad (4-76)$$

4.5.2.2　地表点的下沉速度

当采宽为 l 时,假设在开采范围 $(0,l)$ 地表上某个点的下沉量应为:

$$W(x,t) = \frac{vW_{\max}}{r}\int_0^t\left[1 - \mathrm{e}^{-c(t-\tau)}\right]\mathrm{e}^{-\pi\frac{(x+v\tau)^2}{r^2}}\mathrm{d}\tau \quad (4-77)$$

令 $\frac{\sqrt{\pi}}{r}(x+v\tau) = \omega = \lambda + \frac{cr}{2v\sqrt{\pi}}$,代入上式并变换积分限,得有限开采时地表动态下沉盆地断面方程式:

$$W(x,t) = \frac{W_{\max}}{2}\left\{\mathrm{erf}\left[\frac{\sqrt{\pi}}{r}(x+vt) - \mathrm{erf}\left(\frac{\sqrt{\pi}}{r}x\right)\right] - \right.$$

$$\exp\left(\frac{c^2r^2}{4\pi v^2} - \frac{c}{v}x - ct\right)\cdot$$

$$\left.\left[\mathrm{erf}\left(\frac{\sqrt{\pi}}{r}vt + \frac{\sqrt{\pi}}{r}x - \frac{cr}{2v\sqrt{\pi}}\right) - \mathrm{erf}\left(\frac{\sqrt{\pi}}{r}x - \frac{cr}{2v\sqrt{\pi}}\right)\right]\right\} \quad (4-78)$$

为了研究方便,我们令 $x = -(vt-\zeta)$,再另 $\zeta = vt - r$,先后代入上式化简,地表点的下沉时间过程:

$$W(t) = \frac{W_{\max}}{\sqrt{\pi}}\left\{\frac{\sqrt{\pi}}{2}\left\{1 + \mathrm{erf}\left[\frac{\sqrt{\pi}}{r}(vt-r)\right]\right\} - \exp\left(\frac{c^2r^2}{4\pi v^2} + \frac{c}{v}r - ct\right)\cdot\right.$$

$$\left.\frac{\sqrt{\pi}}{2}\cdot\left\{1 + \mathrm{erf}\left[\frac{\sqrt{\pi}}{r}(vt-r) - \frac{cr}{2v\sqrt{\pi}}\right]\right\}\right\} \quad (4-79)$$

再将式 (4-72) 对 t 微分,就得地表点的下沉速度:

$$V_W(t) = \frac{cW_{\max}}{\sqrt{\pi}}\mathrm{e}^{\left(\frac{c^2r^2}{4\pi v^2} + \frac{c}{v}r - ct\right)}\int_{-\infty}^{\frac{\sqrt{\pi}}{r}(vt-r) - \frac{cr}{2v\sqrt{\pi}}}\mathrm{e}^{-\lambda^2}\mathrm{d}\lambda \quad (4-80)$$

不同开采速度对应地表下沉速度曲线如图 4-10 所示。当开采速度不断增大时,地表最大下沉速度也随之增大,并逐渐趋于一个稳定的数值。

4.5.2.3　地表点的水平移动速度

已知地表单元水平移动的表达式为:

$$u_e = -\frac{2\pi B}{r^3}[1 - \mathrm{e}^{-ct}]x\mathrm{e}^{-\pi\frac{x^2}{r^2}} \quad (4-81)$$

当开采由 0 点以等速度推进到 l 宽时,进行代换,则地表水平移动应为:

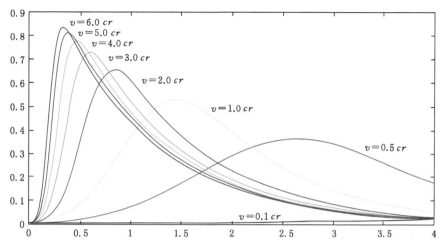

图 4-10　地表下沉速度与开采速度关系曲线图

$$U(x,t) = -\int_0^l \frac{2\pi B}{r^3}\left[1 - e^{-c(t-\tau)}\right](x+s)e^{-\pi\frac{(x+s)^2}{r^2}}W(s)\mathrm{d}s \qquad (4\text{-}82)$$

进一步换元变换之后可得：

$$U(x,t) = -\frac{BW_{\max}}{2}\left\{\frac{c}{v}\exp\left(\frac{c^2r^2}{4\pi v^2} - \frac{c}{v}x - ct\right)\left[\mathrm{erf}\left[\frac{\sqrt{\pi}}{r}(x+vt) - \frac{cr}{2v\sqrt{\pi}}\right] - \right.\right.$$
$$\left.\left.\mathrm{erf}\left[\frac{\sqrt{\pi}}{r}x - \frac{cr}{2v\sqrt{\pi}}\right]\right] - \frac{2}{r}\exp\left(-\frac{\pi x^2}{r^2}\right)(1 - e^{-ct})\right\} \qquad (4\text{-}83)$$

为了研究方便，我们令 $x = -(vt - \zeta)$，再另 $\zeta = vt - r$，先后代入上式化简，地表点的水平移动时间过程：

$$U(t) = \frac{BcW_{\max}}{v\sqrt{\pi}}\frac{BcW_{\max}}{v\sqrt{\pi}}e^{\left(\frac{c^2r^2}{4\pi v^2} + \frac{c}{v}r - ct\right)}\int_{-\infty}^{\frac{\sqrt{\pi}}{r}(vt-r) - \frac{cr}{2v\sqrt{\pi}}} e^{-\lambda^2}\mathrm{d}\lambda \qquad (4\text{-}84)$$

再将式(4-84)对 t 微分，就得地表点的水平移动速度：

$$V_u(t) = BcW_{\max}\left[\frac{cr}{v\sqrt{\pi}}e^{\frac{c^2r^2}{4\pi v^2} + \frac{c}{v}r - ct}\int_{-\infty}^{\frac{\sqrt{\pi}(vt-r)}{r} - \frac{cr}{2v\sqrt{\pi}}} e^{-\lambda^2}\mathrm{d}\lambda - e^{-\frac{\pi(vt-r)^2}{r^2}}\right] \qquad (4\text{-}85)$$

不同开采速度对应地表水平移动速度曲线如图 4-11 所示。当开采速度不断增大时，地表最大水平移动速度起初迅速增大，当开采速度 $v \approx 0.66cr$ 时，地表最大水平移动速度达到最大值，随后开始逐渐下降。

4.5.2.4　最大下沉和水平移动加速度的关系

将地表下沉速度函数对时间 t 求导得地表点下沉加速度：

$$\frac{\mathrm{d}V_w(t)}{\mathrm{d}t} = \frac{cW_{\max}}{\sqrt{\pi}}\exp\left(\frac{c^2r^2}{4\pi v^2} + \frac{c}{v}r - ct\right) \cdot$$
$$\left\{-c\int_{-\infty}^{\frac{\sqrt{\pi}}{r}(vt-r) - \frac{cr}{2v\sqrt{\pi}}} e^{-\lambda^2}\mathrm{d}\lambda + \frac{\sqrt{\pi}}{r}v \cdot \exp\left[-\pi\left(\frac{vt}{r} - 1 - \frac{cr}{2v\pi}\right)^2\right]\right\} \qquad (4\text{-}86)$$

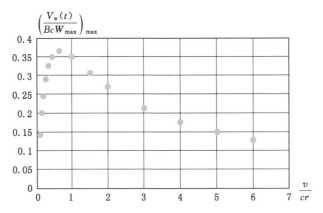

图 4-11　不同开采速度对应地表水平移动速度曲线图

地表下沉加速度与开采速度关系曲线如图 4-12 所示。当开采速度不断增大时,地表最大下沉加速度也不断增大,且两者呈正比关系。

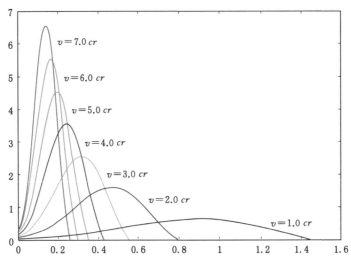

图 4-12　地表下沉加速度与开采速度关系曲线图

将水平移动速度函数对时间 t 求导得地表点水平移动加速度:

$$\frac{\mathrm{d}V_u(t)}{\mathrm{d}t} = \frac{Bcr}{v} \cdot \frac{\mathrm{d}V_w(t)}{\mathrm{d}t} + \frac{2\pi Bcv W_{\max}(vt-r)}{r^2} \cdot \exp\left[-\frac{\pi}{r^2}(vt-r)^2\right] \quad (4\text{-}87)$$

地表水平加速度与开采速度关系曲线如图 4-13 所示。当开采速度不断增大时,地表最大水平移动加速度也不断增大,且两者呈正比关系。

上述预计公式的计算精度,取决于公式中所用的参数是否合理,所以在应用时要结合本矿区的岩移参数与开采实际经验。

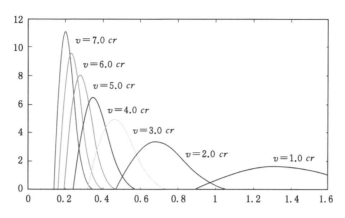

图 4-13 地表水平移动加速度与开采速度关系曲线图

4.6 概率积分法预计参数

用概率积分法预计地表移动变形共涉及 5 个综合反映地质采矿条件的参数,即下沉系数 q、主要影响角正切 $\tan\beta$、拐点偏移距 S_0、水平移动系数 b 和开采影响传播角 θ,合理地选择预计参数是提高地表移动和变形预计的重要前提。确定地表移动预计参数的方法很多,主要有特征值法、逐渐趋近法、P 系数法、全曲线拟合法等,现简述特征值法[7]。

(1)下沉系数 q

是指充分采动条件下,单一煤层开采的下沉系数:

$$q = \frac{W_{\max}}{m\cos\alpha} \tag{4-88}$$

式中,m 为煤层法向厚度;α 为煤层倾角;$W_{\max}$ 为单一煤层充分采动地表最大下沉值。

(2)水平移动系数 b

是指充分采动条件下,单一煤层开采最大水平移动与最大下沉之比:

$$b = \frac{U_{\max}}{W_{\max}} \tag{4-89}$$

(3)主要影响角正切 $\tan\beta$

当 $x = \pm r$ 时,$W(+r) = 0.994W_{\max}$,$W(-r) = 0.006W_{\max}$,$U(\pm r) = 0.043U_{\max}$,$i(\pm r) = 0.043i_{\max}$,$k(\pm r) = \mp 0.178k_{\max}$,$\varepsilon(\pm r) = \pm 0.178\varepsilon_{\max}$。 地表移动变形值主要发生在 $-r$ ~ $+r$ 的范围内,所以称 r 为主要影响半径。连接主要影响范围边界点与开采边界的直线与水平线所成的夹角 β,称为主要影响角。主要影响角正切 $\tan\beta$ 值主要取决于岩性,其次与开采深度和采动次数有关,如采区为充分采动,则主要影响半径 r 可直接按下式求得:

$$r = \frac{W_{\max}}{i_{\max}}, \tan\beta = \frac{H}{r} \tag{4-90}$$

主要影响半径及主要影响角 β 的几何关系如图 4-14 所示。

(4)开采影响传播角 θ

开采影响传播角 θ 与煤层倾角 α 关系较为复杂,实测资料统计分析结果如下[4]:

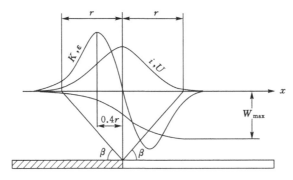

图 4-14 主要影响半径 r 与主要影响角 β 的几何意义

$$\begin{cases} \theta = 90° - 0.68\alpha & \alpha \leqslant 45° \\ \theta = 28.8° + 0.68\alpha & \alpha > 45° \end{cases} \tag{4-91}$$

（5）拐点偏移距 S_0。

在推导下沉剖面表达式时，下沉曲线的拐点应位于开采边界正上方，而实际上，由于采空区悬顶的作用，由煤壁向采空区中央顶板下沉是逐渐变化的，使地表下沉曲线的拐点距离煤壁有一定的距离，该距离称为拐点平移距。拐点是地表下沉盆地重要的特征点，也决定着整个下沉曲线与煤柱边界的相对位置。

（6）按覆岩性质分类的概率积分法参数

在《建筑物、水体、铁路及主要井巷煤柱留设与压煤开采指南》[8]对覆岩的类型进行了划分，按覆岩性质分类的概率积分法参数（$\alpha < 50°$）如表 4-3 和表 4-4 所列。

表 4-3 覆岩类型划分表

覆岩类型	覆岩性质	
	主要岩性	单向抗压强度/MPa
坚硬	大部分以中生代硬砂岩、硬石灰岩为主，其他为砂质页岩、页岩、辉绿岩	＞60
中硬	大部分以中生代中硬砂岩、石灰岩、砂质页岩为主，其他为软砾砂质页岩、致密泥灰岩、铁矿岩	30～60
软弱	大部分以新生代硬砂质页岩、页岩、泥灰岩及黏土、砂质黏土及松散层为主	＜30

表 4-4 按覆岩性质区分的概率积分法预计参数

覆岩类型	下沉系数	水平移动系数	主要影响角正切	拐点偏移距	开采影响传播角
坚硬	0.27～0.54	0.2～0.3	1.2～1.91	0.31～0.43H_0	$90° - (0.7\sim0.8)\alpha$
中硬	0.55～0.84	0.2～0.3	1.92～2.40	0.08～0.30H_0	$90° - (0.6\sim0.7)\alpha$
软弱	0.85～1.0	0.2～0.3	2.41～3.54	0～0.07H_0	$90° - (0.3\sim0.5)\alpha$

注：H_0 为平均开采深度；α 为煤层倾角。

（7）曲线拟合法求参数[9]

地表移动与变形值的计算精度,在很大程度上取决于预计方法中所用的参数是否合理。为了确定各参数之间的最佳匹配关系,采用全曲线拟合法,将同一观测站上各条观测线组成联立方程,在满足偏差平方和最小的条件下,统一求出观测站的参数。有关单位已编制了专门的计算程序,用电子计算机求参数。这里简要介绍其计算原理,计算坐标系如图 4-15 所示[7]。

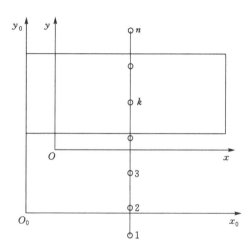

图 4-15　计算坐标系示意图

设地表下沉 W 是地表点位 (x,y) 的函数,其中包含 6 个参数,即:

$$\hat{W} = \hat{W}(x,y;q,\tan\beta,S_1,S_2,S_3,S_4) \tag{4-92}$$

地表下沉理论值 $\hat{W}(x,y;q,\tan\beta,S_1,S_2,S_3,S_4)$ 与观测值 W_i 之间的计算误差为:

$$V_i = W_i - \hat{W}_i \quad (i = 1 \sim n) \tag{4-93}$$

最小二乘法的原理就是要求以上 n 个误差在平方和最小的意义下使函数 W 与观测值 W_i 最佳拟合,也就是求参数 $q,\tan\beta,S_1,S_2,S_3,S_4$,使下式成立:

$$Q = \sum_{i=1}^{n} [W_i - \hat{W}(x,y;q,\tan\beta,S_1,S_2,S_3,S_4)]^2 = \min \tag{4-94}$$

在概率积分法中,地表下沉表达式为:

$$W(x,y) = W_{\max} \cdot C_x \cdot C_y \tag{4-95}$$

$$C_x = \frac{1}{2} \left[\frac{2}{\sqrt{\pi}} \int_0^{\sqrt{\pi}\frac{x_1}{r}} e^{-\lambda^2} d\lambda - \frac{2}{\sqrt{\pi}} \int_0^{\sqrt{\pi}\frac{x_2}{r}} e^{-\lambda^2} d\lambda \right] \tag{4-96}$$

$$C_y = \frac{1}{2} \left[\frac{2}{\sqrt{\pi}} \int_0^{\sqrt{\pi}\frac{y_1}{r_1}} e^{-\lambda^2} d\lambda - \frac{2}{\sqrt{\pi}} \int_0^{\sqrt{\pi}\frac{y_2}{r_2}} e^{-\lambda^2} d\lambda \right] \tag{4-97}$$

以上公式可以展开为泰勒级数:

$$W(x,y) = W(q^0,\tan\beta^0,x_1^0,x_2^0,y_1^0,y_2^0) + \frac{\partial W}{\partial q^0}\delta q + \frac{\partial W}{\partial \tan\beta^0}\delta\tan\beta +$$

$$\frac{\partial W}{\partial x_1^0}\delta x_1 + \frac{\partial W}{\partial x_2^0}\delta x_2 + \frac{\partial W}{\partial y_1^0}\delta y_1 + \frac{\partial W}{\partial y_2^0}\delta y_2 \tag{4-98}$$

式中，$q^0,\delta q$ 为下沉系数近似值和改正值；$\tan\beta^0,\delta\tan\beta$ 为主要影响角正切近似值和改正值；$x_1^0,\delta x_1$ 为以工作面左边界地表拐点为坐标原点的 A 点 x 的近似值和改正值；$x_2^0,\delta x_2$ 为以工作面右边界地表拐点为坐标原点的 A 点 x 的近似值和改正值；$y_1^0,\delta y_1$ 为以工作面下边界地表拐点为坐标原点的 A 点 y 的近似值和改正值；$y_2^0,\delta y_2$ 为以工作面上边界地表拐点为坐标原点的 A 点 y 的近似值和改正值。

式(4-98)中各偏导数可写为：

$$\frac{\partial W}{\partial q^0} = m\cos\alpha C_x C_y = A \tag{4-99}$$

$$\frac{\partial W}{\partial y_1^0} = \frac{W_{\max}\tan\beta^0}{H_1}e^{-\pi\left(\frac{y_1^0\tan\beta^0}{H_1}\right)^2}C_x = B \tag{4-100}$$

$$\frac{\partial W}{\partial y_2^0} = \frac{W_{\max}\tan\beta^0}{H_2}\exp\left[-\pi\left(\frac{y_2^0\tan\beta^0}{H_2}\right)^2\right]C_x = C \tag{4-101}$$

$$\frac{\partial W}{\partial x_1^0} = \frac{W_{\max}\tan\beta^0}{H_0}\exp\left[-\pi\left(\frac{x_1\tan\beta^0}{H_2}\right)^2\right]C_y = D \tag{4-102}$$

$$\frac{\partial W}{\partial x_2^0} = \frac{W_{\max}\tan\beta^0}{H_0}\exp\left[-\pi\left(\frac{x_2\tan\beta^0}{H_0}\right)^2\right]C_y = E \tag{4-103}$$

$$\frac{\partial W}{\partial\tan\beta^0} = W_{\max}\left\{C_x\left(\frac{y_1^0}{H_1}\exp\left[-\pi\left(\frac{y_1^0\tan\beta^0}{H_1}\right)^2\right] - \frac{y_2^0}{H_2}\exp\left[-\pi\left(\frac{y_2\tan\beta^0}{H_2}\right)^2\right]\right) + \right.$$
$$\left. C_y\left(\frac{x_1^0}{H}\exp\left[-\pi\left(\frac{x_1\tan\beta^0}{H_0}\right)^2\right] - \frac{x_2^0}{H}\exp\left[-\pi\left(\frac{x_2^0\tan\beta^0}{H_0}\right)^2\right]\right)\right\} \tag{4-104}$$

当地表移动观测站包含走向观测线（m 个测点）和倾斜观测线（n 个测点）时，对于这些测点存在下面的误差方程：

$$\begin{cases} A_1\delta q + B_1\delta y_1 + C_1\delta y_2 + D_1\delta x_1 + E_1\delta x_2 + F_1\delta\tan\beta + f_{W_1} = \varepsilon_1 \\ A_2\delta q + B_2\delta y_1 + C_2\delta y_2 + D_2\delta x_1 + E_2\delta x_2 + F_2\delta\tan\beta + f_{W_2} = \varepsilon_2 \\ \qquad\qquad\cdots\cdots \\ A_{m+n}\delta q + B_{m+n}\delta y_1 + C_{m+n}\delta y_2 + D_{m+n}\delta x_1 + E_{m+n}\delta x_2 + F_{m+n}\delta\tan\beta + f_{W_{m+n}} = \varepsilon_{m+n} \end{cases} \tag{4-105}$$

以上称为 $m+n$ 个误差方程式，其中：

$$f_{W_i} = W(q^0, y_1^0, y_2^0, x_1^0, x_2^0, \tan\beta^0) - W_i \tag{4-106}$$

根据最小二乘原理，组成法方程式：

$$\begin{cases} [AA]\delta q + [AB]\delta y_1 + [AC]\delta y_2 + [AD]\delta x_1 + [AE]\delta x_2 + [AF]\delta\tan\beta + [Af] = 0 \\ [AB]\delta q + [BB]\delta y_1 + [BC]\delta y_2 + [BD]\delta x_1 + [BE]\delta x_2 + [BF]\delta\tan\beta + [Bf] = 0 \\ [AC]\delta q + [BC]\delta y_1 + [CC]\delta y_2 + [CD]\delta x_1 + [CE]\delta x_2 + [CF]\delta\tan\beta + [Cf] = 0 \\ [AD]\delta q + [BD]\delta y_1 + [CD]\delta y_2 + [DD]\delta x_1 + [DE]\delta x_2 + [DF]\delta\tan\beta + [Df] = 0 \\ [AE]\delta q + [BE]\delta y_1 + [CE]\delta y_2 + [DE]\delta x_1 + [EE]\delta x_2 + [EF]\delta\tan\beta + [Ef] = 0 \\ [AF]\delta q + [BF]\delta y_1 + [CF]\delta y_2 + [DF]\delta x_1 + [EF]\delta x_2 + [FF]\delta\tan\beta + [Ff] = 0 \end{cases} \tag{4-107}$$

根据以上 6 个方程可以唯一地确定 6 个参数。

对应地表水平移动观测值,应求参数 b,θ,使下式成立:

$$R = \sum_{i=1}^{n} [U_i - \hat{U}(x,y;b,\theta)]^2 = \min \qquad (4\text{-}108)$$

由于走向和倾向水平移动表达式的形式不同,因而在求 θ 的改正值时只能用倾向测点。对于走向观测,水平移动表达式及其展开式为:

$$U(x,y) = bW_{\max} \left[\exp\left(-\pi \left(\frac{x_1 \tan\beta}{H}\right)^2\right) - \exp\left(-\pi \left(\frac{x_2 \tan\beta}{H}\right)^2\right) \right] C_y$$

$$= U(b_0) + \frac{\partial U}{\partial b^0} \delta b$$

$$\frac{\partial U}{\partial b^0} = W_{\max} C_y \left[\exp\left(-\pi \left(\frac{x_1 \tan\beta}{H}\right)^2\right) - \exp\left(-\pi \left(\frac{x_2 \tan\beta}{H}\right)^2\right) \right] = G \qquad (4\text{-}109)$$

对于倾向观测线,水平移动表达式及其展开式为:

$$U(x,y) = W_{\max} C_x \left\{ b \left[\exp\left(\quad \pi \left(\frac{y_1 \tan\beta}{H}\right)^2\right) - \exp\left(-\pi \left(\frac{y_1 \tan\beta}{H_2}\right)^2\right) \right] + C_y \cot\theta \right\}$$

$$= U(b^0, \theta^0) + \frac{\partial U}{\partial b^0} \delta b + \frac{\partial U}{\partial \theta^0} \delta\theta \qquad (4\text{-}110)$$

$$\frac{\partial U}{\partial b^0} = W_{\max} C_x \left[\exp\left(-\pi \left(\frac{y_1 \tan\beta}{H_1}\right)^2\right) - \exp\left(-\pi \left(\frac{y_2 \tan\beta}{H_2}\right)^2\right) \right] = G$$

$$\frac{\partial U}{\partial \theta^0} = -W_{\max} C_x C_y / \sin^2\theta = H \qquad (4\text{-}111)$$

当倾向线有 i 个水平移动测点,走向线有 j 个水平移动测点时,误差方程为:

$$\begin{cases} G_1 \delta b + H_1 \delta\theta + f_{U_1} = \varepsilon_1 \\ \qquad \cdots\cdots \\ G_{i+j} \delta b + H_{i+j} \delta\theta + f_{U_{i+j}} = \varepsilon_{i+j} \end{cases} \qquad (4\text{-}112)$$

由此组成法方程为:

$$\begin{cases} [GG]\delta b + [GH]\delta\theta + [Gf] = 0 \\ [GH]\delta b + [HH]\delta\theta + [Hf] = 0 \end{cases} \qquad (4\text{-}113)$$

根据两个方程,可以确定 b 和 θ 的改正值,与初值相加,即可计算出待求参数值。

(8) 概率积分法参数修正

概率积分法并不适用于任何地质开采条件,在特殊地质开采条件下,为了获得比较可靠的计算结果,需要对模型参数进行修正。关于模型系数修正有多种方法,本节列举常用的经验方法[7]。

① 重复采动下沉系数修正

利用经验公式修正下沉系数:

$$\begin{cases} q_{复1} = (1+a) q_{初} \\ q_{复2} = (1+a) q_{复1} \end{cases} \qquad (4\text{-}114)$$

式中,a 为下沉活化系数;$q_{初}$、$q_{复1}$、$q_{复2}$ 分别为初采、第一次重采、第二次重采下沉系数。

第二种计算方法用下式计算重复采动下沉系数:

$$q_{复} = 1 - \frac{(H_2^2 - H_1^2)(1 - q_{初}) M_2}{H_1 H_2} - k \frac{(1 - q_{初}) M_1}{M_2} \qquad (4\text{-}115)$$

式中，H_1、H_2分别为第一层煤和第二层煤距基岩的深度，m；M_1、M_2分别为第一、二层煤的采厚，m；$q_初$为第一层煤开采时的下沉系数；k为系数，由下式计算。

对于中硬覆岩，有：

$$k = 0.245\ 3\exp\left(0.005\ 02\frac{H_1}{M_1}\right) \quad \left(31 < \frac{H_1}{M_1} \leqslant 250.4\right) \tag{4-116}$$

对于厚含水冲积层地区，有：

$$k = -27.590\ 7 + 0.629\ 4\frac{H_1}{M_1} \tag{4-117}$$

② 水平移动系数

重复采动条件下，水平移动系数与初次采动相同，即：

$$b_复 = b_初 \tag{4-118}$$

③ 主要影响范围角正切

重复采动时，主要影响范围角正切 $\tan\beta$ 较初次采动增加 0.3~0.8。

对于中硬岩层按下式计算：

$$\tan\beta_复 = \tan\beta_初 + 0.062\ 3\ln H - 0.017 \tag{4-119}$$

式中，$\tan\beta_复$、$\tan\beta_初$分别为重采和初采时主要影响范围角正切；H为第二层煤的采深，m。

④ 拐点偏移距修正

重复采动时，拐点偏移距与上、下工作面的相对位置有关。当上、下工作面对齐时，一般认为重复采动时的拐点偏移距小于初次采动时的拐点偏移距。

对于中硬覆岩，当上、下工作面对齐时，可采用下式计算重复采动时的拐点偏移距：

$$S_复 = S_初 f\left(\frac{H}{M}\right) \tag{4-120}$$

上山：

$$f\left(\frac{H}{M}\right) = 0.423\ 6 + 9.36 \times 10^{-4}\frac{H}{M} \tag{4-121}$$

走向：

$$f\left(\frac{H}{M}\right) = 0.464\ 4\ln\frac{H}{M} - 0.81 \tag{4-122}$$

或采用下式直接计算重复采动时的拐点偏移距：

上山：

$$S_2 = 1.13 - 0.156\ 2\frac{H}{M} \quad \left(30 \leqslant \frac{H}{M} \leqslant 160\right) \tag{4-123}$$

走向：

$$S_{3,4} = 95.38 - 27.676\ln\frac{H}{M} \quad \left(30 \leqslant \frac{H}{M} \leqslant 169\right) \tag{4-124}$$

式中，H、M分别为第二层煤的采深和采厚。

（9）非充分开采地表下沉系数修正

当开采还没有达到充分开采时（一般非充分采动条件：坚硬覆岩 $D/H \leqslant 1.2$，中硬覆岩 $D/H \leqslant 0.8$，软弱覆岩 $D/H \leqslant 0.5$），地表最大下沉与开采尺度相关[8,10,11]，下沉率曲线如图4-16所示，对水平煤层下沉率的定义：

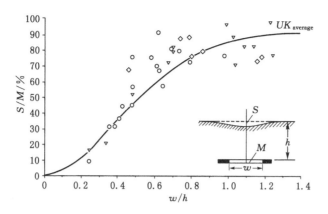

图 4-16　英国地表下沉率与开采尺度关系曲线[11]

$$\eta = \frac{W_C}{M} \qquad (4\text{-}125)$$

在英国一般取 $D/H = 1.4$ 作为极限开采的判断依据,当 $D/H < 1.4$,开采为非极限开采,$D/H > 1.4$,为超极限开采。当 $D/H \geqslant 1.4$,下沉率(W/M)趋近下沉系数(q),即下沉率的极限值是下沉系数。《建筑物、水体、铁路及主要井巷煤柱留设与压煤开采指南》给出了下沉系数修正曲线,如图 4-17 所示。

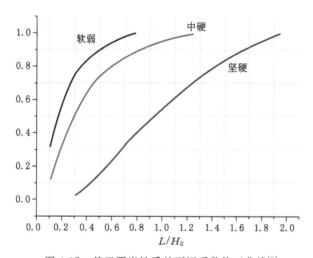

图 4-17　基于覆岩性质的下沉系数修正曲线[8]

关于下沉系数的修正没有理论方法,只有经验公式,一般修正系数模型 n 为:

$$n = f\left(\frac{D_1}{H}, \frac{D_2}{H}\right) \qquad (4\text{-}126)$$

式中,D_1,D_2 分别为开采沿走向与倾向的长度;H 为开采深度。

走向与倾向的开采影响程度系数:

$$\begin{cases} n_1 = k_1 \dfrac{D_1}{H} \\ n_2 = k_2 \dfrac{D_2}{H} \end{cases} \tag{4-127}$$

式中，k_1，k_2 为与覆岩岩性有关的系数，一般为 $0.7 \sim 0.9$；n_1，n_2 分别为走向与倾向的开采影响程度系数（$n_1 \leqslant 1.0$，$n_2 \leqslant 1.0$）。

所以，下沉系数的修正系数为[1]：

$$n = \sqrt[j]{n_1 n_2} = \sqrt[j]{k_1 \dfrac{D_1}{H} \times k_2 \dfrac{D_2}{H}} \tag{4-128}$$

根据中国经验，一般 $j = 2 \sim 3$，修正后下沉系数被称为下沉率：

$$\eta = nq \tag{4-129}$$

一般长壁工作面沿走向开采长度大于开采深度，而在倾向开采宽度小于开采深度，所以在走向方向达到了极限开采，一般仅考虑倾斜宽度对下沉发育的影响。对文献数据进行无因次计算，表 4-5 给出了地层岩性下沉系数修正值。

表 4-5   地表下沉系数修正值[12]

D/H	坚硬岩层	中硬岩层	重复开采
0.1	0.01	0.02	0.03
0.2	0.06	0.09	0.12
0.3	0.13	0.19	0.25
0.4	0.21	0.30	0.39
0.5	0.31	0.44	0.55
0.6	0.43	0.56	0.68
0.7	0.56	0.69	0.79
0.8	0.67	0.79	0.86
0.9	0.80	0.88	0.94
1.0	0.89	0.96	0.98
1.1	1.00	1.00	1.00

另外，还有其他修正方法，但是许多经验公式不具有通用性。这些经验公式说明了地表下沉与开采尺度相关，在计算非采动地表最大下沉时必须对下沉系数进行修正，否则将得到错误的结果。

本章参考文献

[1]   曹志伟，翟厥成.岩层移动与"三下"采煤[M].北京：煤炭工业出版社，1986.

[2]   何国清，杨伦，凌赓娣.等.矿山开采沉陷学[M].徐州：中国矿业大学出版社，1991.

[3]   徐永梅，姜岩，姜岳.矿山开采地表动态下沉预计[J].矿山测量，2013(3):5-8.

[4]   STRZALKOWSKI P. Neuesgebirgsdeformationsmodellunterberuecksichtigung der

absenkgeschwindigkeit[J].Glueckauf-Forschungsheft,2022,63(1):12-15.

[5]　SROKA A.Influence of time-based parameters of longwall panel exploitation on objects inside rock mass and on the surface[J].Archives of Mining Sciences,2009,54(4):819-826.

[6]　KATELOE H J.Lineare modellierung der durch abbaugeschwindigkeit und abbaustillstaende charakterisierten zeitlichen senkungsmulde in einem stochastischen medium[D].Diss.:RWTH Aachen,2002.

[7]　邓喀中,谭志祥,姜岩.变形监测及沉陷工程学[M].徐州:中国矿业大学出版社,2014.

[8]　胡炳南.建筑物、水体、铁路及主要井巷煤柱留设与压煤开采指南[M].北京:煤炭工业出版社,2017.

[9]　张玉卓.岩层与地表移动计算原理及程序[M].北京:煤炭工业出版社,1993.

[10]　王金庄,张瑜.矿区开采地表下沉率及采动程度关系的研究[J].矿山测量,1996,1:10-13.

[11]　WHITTAKER B N,REDDISH D J.Subsidence-occurrence,prediction and control[M].Amsterdam:Elsevier,1989.

[12]　周国铨.计算地表最大下沉值的探讨[J].矿山测量,1977,1:48-50.

第 5 章　地表移动变形计算的负指数函数法

5　The negative exponential function method for surface movement and deformation calculation

本章节概括介绍了负指数函数模型在地表移动变形计算中的应用,阐述了在充分采动条件下,地表静态与动态移动变形预计模型。

It introduces the application of negative exponential function method in surface movement calculation, and outlines the calculation models of static and dynamic movement deformation in this chapter.

5.1　充分采动时地表下沉盆地主断面的移动与变形剖面函数

剖面函数法是根据地表下沉盆地剖面形状,来选择描述下沉盆地剖面的数学模型。剖面函数法也是建立在大量的实测资料基础之上应用参数估计的方法,确定出下沉盆地剖面数学模型中的待定参数[1,2]。该方法虽然不能解释岩层与地表移动的机理,但能够得到与实际相符的移动与变形计算值,所以许多国家在这方面做了大量工作,国际上大约有 100 多种函数表达式,其中常用的有 20 余种。其中,负指数函数是在总结和分析我国一些矿区的地表移动观测资料的基础上,由唐山煤炭科学研究院矿山测量研究室于 1963 年提出的[1,2]。随后,根据实际工作的需要和一些不足之处,其他学者进行了修改和补充,形成了完整的计算体系[3-5],在生产实践中得到了应用[8]。

5.1.1　充分采动的定义

地下煤层大面积开采表明,地表的下沉随着回采面积的增大而增大,但是,当采煤工作面在走向和倾向上的尺寸超过某一定值(称为临界尺寸)时,地表的下沉就不再增大。这时,地表被称为充分采动,地表出现的最大下沉值称为充分采动条件下的最大下沉值。

采煤工作面的临界尺寸,如图 5-1 所示,由充分采动角 φ 来圈定。根据几何关系,倾向和走向上的临界尺寸 D_{1c} 和 D_{3c} 可由下列公式计算。

$$D_{1c} = \frac{H_1 \cot(\varphi_1 + \alpha) + H_2 \cot(\varphi_2 - \alpha)}{\cos \alpha} \tag{5-1}$$

$$D_{3c} = H_0(\cot \varphi_3 + \cot \varphi_4) \tag{5-2}$$

式中,H_1、H_2、H_0 分别为下山、上山和走向边界的开采深度;φ_1、φ_2、φ_3、φ_4 分别为下山、上

山、开切眼和停采线方向的充分采动角;α 为煤层倾角。

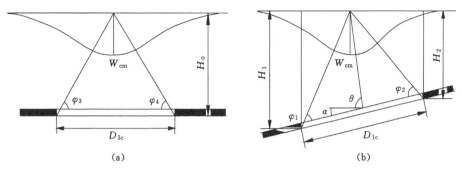

图 5-1　充分采动时工作面临界尺寸

5.1.2　充分采动时地表下沉盆地主断面的移动与变形剖面函数

煤炭科学研究总院唐山分院矿山测量研究所建立了如下剖面函数。

下沉:

$$W(x) = \begin{cases} W_{max} e^{-a\left(c \pm \frac{x}{H}\right)^b} & c \pm \dfrac{x}{H} > 0 \\ W_{max} & c \pm \dfrac{x}{H} \leqslant 0 \end{cases} \tag{5-3}$$

倾斜:

$$i_{(x)} = \begin{cases} \dfrac{W_{max}}{H}\left[\mp ab\left(c \pm \dfrac{x}{H}\right)^{b-1}\right] e^{-a\left(c \pm \frac{x}{H}\right)^b} & c \pm \dfrac{x}{H} > 0 \\ 0 & c \pm \dfrac{x}{H} \leqslant 0 \end{cases} \tag{5-4}$$

曲率:

$$K_{(x)} = \begin{cases} \dfrac{W_{max}}{H}\left[a^2 b^2 \left(c \pm \dfrac{x}{H}\right)^{2b-2} - ab(b-1)\left(c \pm \dfrac{x}{H}\right)^{b-2}\right] e^{-a\left(c \pm \frac{x}{H}\right)^b} & c \pm \dfrac{x}{H} > 0 \\ 0 & c \pm \dfrac{x}{H} \leqslant 0 \end{cases} \tag{5-5}$$

水平移动:

$$U_{(x)} = Bi_{(x)} \quad \text{（沿走向方向）} \tag{5-6}$$

$$U_{(y)} = W_{(y)} \cot \theta \pm Bi_{(y)} \quad \text{（沿倾斜方向）} \tag{5-7}$$

水平变形:

$$\varepsilon_{(x)} = BK_{(x)} \quad \text{（沿走向方向）} \tag{5-8}$$

$$\varepsilon_{(y)} = i_{(y)} \cot \theta \pm BK_{(y)} \quad \text{（沿倾斜方向）} \tag{5-9}$$

式中,H 为平均开采深度;a 为反映地表移动盆地横向发育程度的系数,也称陡度参数;b 为反映覆岩横向各向异性程度的系数,也称形状参数;c 为坐标原点平移距,又称位置参数,取绝对值;其他符号及 $\pm Bi_{(y)}$ 和 $\pm BK_{(y)}$ 中符号的取法,均同前。

对于式中 x/H 前"±"号的取法,规定如下:当横坐标 x 的正向指向煤柱时,如图 5-2 (a)所示,取"+"号;当横坐标 x 的负向指向采空区时,如图 5-2(b)所示,取"-"号。

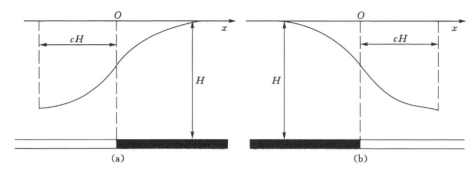

图 5-2　半盆地下沉曲线

5.1.3　参数 a、b、c 的求取方法

负指数函数的参数 a、b、c 的求取方法有多种,如双对数曲线化直法、图解拐点法、解析拐点法、图解坐标纸法、矩法和电算法等,这里仅介绍双对数曲线化直法[6]。

在负指数函数法中,待定参数有三个,即 a、b、c,当最大下沉值的位置确定时,c 值可以很快求得。如图 6-3 所示,在图上量得最大下沉值至原点的距离 d,则:

$$c = \frac{d}{H} \tag{5-10}$$

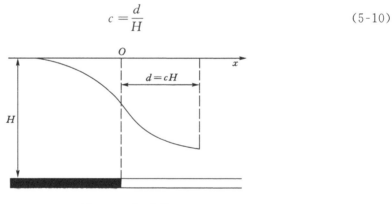

图 5-3　下沉曲线

下面再讨论参数 a、b 的确定,设:

$$S_{(x)} = \frac{W_{(x)}}{W_{\mathrm{m}}} = \mathrm{e}^{-a\left(c - \frac{x}{H}\right)^b} \tag{5-11}$$

对上式取对数,可得:

$$\ln S_{(x)} = -a\left(c - \frac{x}{H}\right)^b \tag{5-12}$$

再对上式取对数,可得:

$$\ln a + b\ln\left(c - \frac{x}{H}\right) = \ln\left[-\ln S_{(x)}\right] \tag{5-13}$$

为了使求得 a、b 值所绘制的曲线与实测资料拟合最佳，可以利用最小二乘法原理，为此先将上式化成误差方程式形式：

$$v = \ln a + b\ln\left(c - \frac{x}{H}\right) - \ln[-\ln S_{(x)}] \tag{5-14}$$

为满足 $[vv] = \min$，可将上式先后对 $\ln a$ 和 b 求偏导数，并令 $\dfrac{\partial[vv]}{\partial\ln a} = 0$ 和 $\dfrac{\partial[vv]}{\partial\ln b} = 0$，从而可得法方程式组：

$$\begin{cases} N\ln a + b\sum\ln\left(c - \dfrac{x}{H}\right) - \sum\ln[-\ln S_{(x)}] = 0 \\ \ln a \cdot \sum\ln\left(c - \dfrac{x}{H}\right) + b \cdot \sum\left[\ln\left(c - \dfrac{x}{H}\right)\right]^2 - \sum\ln\left(c - \dfrac{x}{H}\right) \cdot \ln[-\ln S_{(x)}] = 0 \end{cases} \tag{5-15}$$

将实测资料 S_x^i 和 $c - \dfrac{x_i}{H}$ 代入上述法方程式，即可求得 $\ln a$ 和 b，然后再求 a。

5.1.4　计算案例

设某矿开采后地表沿走向下沉观测值如表 5-1 所列，煤层开采深度为 150 m，试根据实测资料确定参数 a、b、c。

表 5-1　地表沿走向下沉观测值

点号	$S_{(x)} = \dfrac{W_x}{W_m}$	至原点距离 x/m	$\dfrac{x}{H}$	$c - \dfrac{x}{H}$
0	0	-97.5	-0.65	1.30
1	0.004	-82.5	-0.55	1.20
2	0.011	-67.5	-0.45	1.10
3	0.027	-52.5	-0.35	1.00
4	0.062	-37.5	0.25	0.90
5	0.132	-22.5	-0.15	0.80
6	0.262	-7.5	-0.5	0.70
7	0.468	7.5	0.5	0.60
8	0.690	22.5	0.15	0.50
9	0.810	37.5	0.25	0.40
10	0.908	52.5	0.35	0.30
11	0.960	67.5	0.45	0.20
12	0.988	82.5	0.66	0.10
13	1.000	97.5	0.65	

① 首先在沿走向的主断面下沉曲线图（图 5-4）上确定最大下沉点，而后在图上量得最大下沉点至原点（采区边界）的水平距离 $d = 97.5$ m，从而求得：

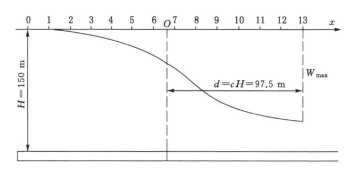

图 5-4　下沉曲线图

$$c = \frac{d}{H} = \frac{97.5}{150} = 0.65 \tag{5-16}$$

② 计算 $\dfrac{x_i}{H}$ 及 $c - \dfrac{x_i}{H}$ 值,并列于表 5-2 中。

③ 计算法方程系数。法方程式系数及常数项计算值列于表 5-2 中,根据表中数据得法方程式：

$$\begin{cases} 12\ln a - 7.643\ 81b + 6.293\ 48 = 0 \\ -7.643\ 8\ln a + 11.153\ 18b - 20.506\ 01 = 0 \end{cases} \tag{5-17}$$

表 5-2　法方程式系数及常数项计算值

顺序	$\dfrac{x}{H}$	$c - \dfrac{x}{H}$	$S_{(x)}$	$\ln\left(c - \dfrac{x}{H}\right)$	$\left[\ln\left(c - \dfrac{x}{H}\right)\right]^2$	$\ln(-\ln S_{(x)})$	$\ln\left(c - \dfrac{x}{H}\right) \cdot \ln(-\ln S_{(x)})$	$S_{x改}$	$v \times 10^{-2}$
0	−0.65	1.30	0.00						
1	−0.55	1.20	0.004	0.182 32	0.033 24	1.708 64	0.311 52	0.008	−2
2	−0.45	1.10	0.011	0.095 31	0.009 08	1.506 27	0.143 56	0.017	−6
3	−0.35	1.00	0.027	0	0	1.284 24	0	0.043	−16
4	−0.25	0.90	0.062	−0.105 36	0.011 10	1.022 67	−0.107 75	0.092	−30
5	−0.15	0.80	0.132	−0.223 14	0.049 79	0.705 55	−0.157 44	0.173	−41
6	−0.05	0.70	0.262	−0.356 67	0.127 21	0.292 23	−0.104 23	0.291	−29
7	0.05	0.60	0.468	−0.510 83	0.260 95	−0.275 38	0.140 67	0.440	22
8	0.15	0.50	0.690	−0.693 15	0.480 46	−0.991 38	0.687 18	0.601	89
9	0.25	0.40	0.816	−0.916 29	0.839 59	−1.592 87	1.459 53	0.754	62
10	0.35	0.30	0.908	−1.203 97	1.449 54	−2.338 10	2.815 00	0.876	32
11	0.45	0.20	0.960	−1.609 44	2.590 30	−3.198 53	5.147 84	0.955	5
12	0.55	0.10	0.988	−2.302 59	5.301 92	−4.416 82	10.170 13	0.993	−5
13	0.65	0	1.000						
累计				−7.643 81	11.153 81	−6.293 48	20.506 01		0.017 04

④ 解法方程式，求得参数：
$$a = 3.15, b = 2.63 \tag{5-18}$$

⑤ 实测下沉曲线的负指数表达式为：
$$W_{(x)} = W_{\mathrm{m}} \mathrm{e}^{-3.15\left(0.05 - \frac{x}{H}\right)^{2.63}} \tag{5-19}$$

5.2　走向主断面充分采动区动态地表移动变形计算

波兰学者克诺特曾提出用下式表达地表点下沉的时间过程：
$$W(t) = W_k[1 - \exp(-ct)] \tag{5-20}$$

式中，$W(t)$ 为某点在 t 时的下沉量，mm；W_k 为某点在经过无限长时间后可达到的最终下沉量，mm；c 为取决于岩石性质以及开采深度的时间系数。

上述公式是基于工作面被瞬间采出这一条件下推导出来的，实际上工作面是逐渐被采出的，W_k 不是常数，而是采区大小的函数，即时间 t 的函数。实践证明，上式不能准确反映地表点的移动过程。

为此，将式 (5-20) 改为下列形式[3]：
$$W(t) = W_k(t)\left[1 - \exp\left(-\frac{g}{H}t\right)\right] \tag{5-21}$$

式中，$W_k(t)$ 为工作面推进到 t 时（假设不再推进）地表点将达到的最终下沉值，它是工作面推进位置的函数，也可以认为是时间 t 的函数；g 为取决于覆岩性质的移动时间系数；H 为煤层开采深度，m。

5.2.1　$W_k(t)$ 函数的确定

根据负指数预计方法，在稳定的下沉盆地中，如果按图 5-5 所示取坐标系统，则下沉盆地用负指数表示如下[6]：
$$\begin{cases} W(x) = C_{\mathrm{ym}} W_{\mathrm{cm}} \exp\left[-a\left(c - \dfrac{x}{H}\right)^n\right] & x \leqslant cH \\ W(x) = C_{\mathrm{ym}} W_{\mathrm{cm}} & x > cH \end{cases} \tag{5-22}$$

式中，a、n、c 为负指数函数预计方法的特定参数；W_{cm} 为充分采动时地表的最大下沉值，mm；C_{ym} 为倾向方向的采动系数；cH 为 c 参数与煤层采深的乘积，表示采区边界距地表最大下沉点的水平距离。

如图 5-6 所示，假设工作面由左向右推进，当工作面停在 Q_1 点时，地表 P 点的下沉值为 0；当工作面停在 Q_2 点时，地表 P 点的下沉值则为：
$$\begin{cases} W(x_P) = C_{\mathrm{ym}} W_{\mathrm{cm}} \exp\left[-a\left(c - \dfrac{S - H\cot\delta_0}{H}\right)^n\right] & S \leqslant L \\ W(x_P) = C_{\mathrm{ym}} W_{\mathrm{cm}} & S > L \end{cases} \tag{5-23}$$

式中，L 为地表走向主断面半移动盆地长度，即走向主断面上地表移动边界至最大下沉点的水平距离，其值等于 $cH + H\cot\delta_0$（δ_0 为走向边界角）。

假设工作面从左侧远方以速度 V 向右均匀推进，当工作面推进到距 P 点水平距离还有 $H\cot\delta_0$ 时为时间 t 的起点（图 5-7），则 $W_k(t)$ 函数为：

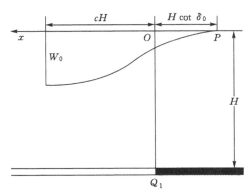

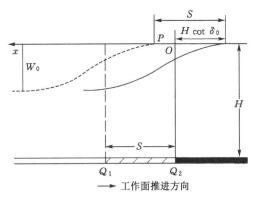

图 5-5　负指数法计算坐标系统　　　　　　图 5-6　地表下沉与停采位置相关关系

$$\begin{cases} W_k(t) = C_{ym}W_{cm}\exp\left[-a\left(\dfrac{L-Vt}{H}\right)^n\right] & t \leqslant \dfrac{L}{V} \\ W_k(t) = C_{ym}W_{cm} & t > \dfrac{L}{V} \end{cases} \tag{5-24}$$

式中，V 为工作面推进速度，m/d。

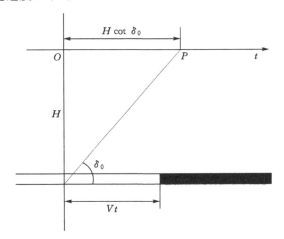

图 5-7　采动过程中地表移动变形计算坐标

5.2.2　动态移动变形计算

根据走向主断面充分采动地表点的动态下沉公式：

$$\begin{cases} W(t) = C_{ym}W_{cm}\exp\left[-a\left(\dfrac{L-Vt}{H}\right)^n\right]\cdot\left[1-\exp\left(-\dfrac{g}{H}t\right)\right] & t \leqslant \dfrac{L}{V} \\ W(t) = C_{ym}W_{cm}\left[1-\exp\left(-\dfrac{g}{H}t\right)\right] & t > \dfrac{L}{V} \end{cases} \tag{5-25}$$

对式(5-25)求导，分别求出地表点其他动态移动变形计算公式。

下沉速度：

$$\begin{cases} V_W(t) = \dfrac{\partial W(t)}{\partial t} \\[2mm] V_W(t) = C_{ym}W_{cm}\left\{\dfrac{anv}{H}\left(\dfrac{L-Vt}{H}\right)^{n-1}\left[1-\exp\left(-\dfrac{g}{H}t\right)\right] + \dfrac{g}{H}\exp\left(-\dfrac{g}{H}t\right)\right\} \cdot \\[4mm] \qquad\qquad \exp\left[-a\left(\dfrac{L-Vt}{H}\right)^n\right] \qquad\quad t \leqslant \dfrac{L}{V} \\[4mm] V_W(t) = C_{ym}W_{cm} \cdot \dfrac{g}{H} \cdot \exp\left(-\dfrac{g}{H}t\right) \qquad t > \dfrac{L}{V} \end{cases} \tag{5-26}$$

倾斜：

$$\begin{cases} i(t) = \dfrac{\partial W(t)}{\partial (Vt)} \\[2mm] i(t) = \dfrac{C_{ym}W_{cm}}{V}\left\{\dfrac{anv}{H}\left(\dfrac{L-Vt}{H}\right)^{n-1} \cdot \left[1-\exp\left(-\dfrac{g}{H}t\right)\right] + \dfrac{g}{H}\exp\left(-\dfrac{g}{H}t\right)\right\} \cdot \\[4mm] \qquad\qquad \exp\left[-a\left(\dfrac{L-Vt}{H}\right)^n\right] \qquad\quad t \leqslant \dfrac{L}{V} \\[4mm] i(t) = \dfrac{C_{ym}W_{cm}}{V} \cdot \dfrac{g}{H} \cdot \exp\left(-\dfrac{g}{H}t\right) \qquad t > \dfrac{L}{V} \end{cases} \tag{5-27}$$

曲率：

$$\begin{cases} K(t) = \dfrac{\partial i(t)}{\partial (Vt)} \\[2mm] K(t) = \dfrac{C_{ym}W_{cm}}{V}\left\{\dfrac{anv}{H^2}(1-n)\left(\dfrac{L-Vt}{H}\right)^{n-2}\left[1-\exp\left(-\dfrac{g}{H}t\right)\right] + \dfrac{ang}{H^2}\left(\dfrac{L-Vt}{H}\right)^{n-1}\exp\left(-\dfrac{g}{H}t\right) - \right. \\[4mm] \qquad \left. \dfrac{g^2}{H^2 V}\exp\left(-\dfrac{g}{H}t\right) + \dfrac{an}{H}\left(\dfrac{L-Vt}{H}\right)^{n-1}\dfrac{anv}{H}\left(\dfrac{L-Vt}{H}\right)^{n-1}\left[1-\exp\left(-\dfrac{g}{H}t\right) + \dfrac{g}{H}\exp\left(-\dfrac{g}{H}t\right)\right]\right\} \cdot \\[4mm] \qquad\qquad \exp\left[-a\left(\dfrac{L-Vt}{H}\right)^n\right] \qquad\quad t \leqslant \dfrac{L}{V} \\[4mm] K(t) = \dfrac{C_{ym}W_{cm}g^2}{H^2 V^2}\exp\left(-\dfrac{g}{H}t\right) \qquad t > \dfrac{L}{V} \end{cases}$$

$$\tag{5-28}$$

水平移动：

$$U(t) = Bi(t) \tag{5-29}$$

水平变形：

$$\varepsilon(x) = BK(t) \tag{5-30}$$

目前，负指数函数法已经形成完整的计算体系，在生产实践中得到了应用。

本章参考文献

[1]　周国铨,崔继宪,刘广容.建筑物下采煤[M].北京:煤炭工业出版社,1983.

[2]　吕泰和.井筒与工业广场煤柱开采[M].北京:煤炭工业出版社,1990.

[3]　滕永海.综采放顶煤地表沉陷规律及机理研究[D].北京:中国矿业大学(北京),2006.

[4]　滕永海,唐志新,郑志刚.综采放顶煤地表沉陷规律研究及应用[M].北京:煤炭工业出

版社,2009.

[5] 王世道.函数法的几个问题[J].矿山测量,1981,1:76-85.

[6] 曹志伟,翟厥成.岩层移动与"三下"采煤[M].北京:煤炭工业出版社,1986.

[7] 滕永海,高德福,朱伟,等.水体下采煤[M].北京:煤炭工业出版社,2012.

[8] 王小华,胡海峰,廉旭刚.采动岩层移动变形的负指数预计方法研究[J].煤炭工程,2016,48(4):82-85.

第6章　地表移动预计模型的特殊应用

6　The special application of surface movement calculation model

众所周知,不仅固体矿床开采能够引起地表移动变形,而且石油(天然气)开采、地下水位变化、盐穴储气库收缩等都能引起地表移动变形,本章介绍了特殊开采条件下的地表移动变形计算的应用案例与开采损害赔偿概况。

Not only solid deposit mining can cause surface movement and deformation, but also oil and gas exploitation, groundwater level change and salt cavern gas storage shrinkage can cause surface movement and deformation. It introduces the application case of surface movement deformation in the special geological and mining conditions.

6.1　工作面推进过程地表移动变形预计

6.1.1　地表移动变形预计模型

本节基于随机介质理论[1-3],以长壁工作面开采为例,讨论在工作面推进过程中地表移动变形的计算方法[4]。基于单元开采原理(图 6-1),有限开采是单元开采的叠加,有限开采体积 ΔV 是单元开采 dV 之和,则在开采影响范围内地表点 P 的基本下沉函数如下:

$$\Delta S_P(x,y) = -\frac{k}{\pi} \cdot \frac{a \cdot \Delta V}{R^2} \cdot \exp\left(-k \cdot \frac{(x-x_0)^2 + (y-y_0)^2}{R^2}\right) \tag{6-1}$$

式中,k 为参数化常数,$k = -\ln 0.01 = 4.605\,17$;$R$ 为主要影响半径。

对下沉的时间发展进行了综合预测,建立了地表下沉的时间演化模型,重点考虑了采矿速度和停采对地表移动过程的影响。在下面的研究中,假设采矿元素的切割发生在一瞬间。Schober & Sroka 建立的动态双参数模型描述了矿区内的时间收敛行为以及上覆岩层的减速特性[5-7]。假设采矿元素的切割发生在一瞬间,Schober & Sroka 双参数时间函数模型为:

$$\phi(\Delta t) = 1 + \frac{\xi}{f-\xi} \cdot \exp(-f \cdot \Delta t) - \frac{f}{f-\xi} \cdot \exp(-\xi \cdot \Delta t) \tag{6-2}$$

式中,Δt 为开采时间;ξ,f 为时间系数。

克诺特的时间函数模型只包含一个时间系数 c[5,8]:

$$z(\Delta t) = 1 - \exp(-c \cdot \Delta t) \tag{6-3}$$

与单参数模型相比,双参数模型时间函数的一阶和二阶导数(速度、加速度)显示的曲线

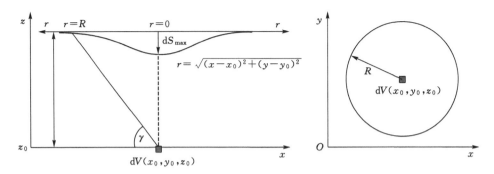

图 6-1　单元开采剖面与平面影响图

更接近实际情况[5]。根据下沉预计模型,可推导出其他地表移动变形函数。

6.1.2　有规律中断工作面推进时的地表移动变形模拟案例

为了能够反映周末停采的影响,把工作面推进速度作为计算移动变形的基本参数之一,直接纳入计算中。假设工作周内工作面以稳定速度前进,研究周末两天停采对位于模拟长壁工作面中心地表点 P 的时间移动过程的影响。

6.1.2.1　模拟参数

模拟使用的计算机软件[2]由德国亚琛大学开发,计算参数如下。

工作面长度:1 800 m;

工作面宽度:300 m;

工作面推进速度:周一到周五 10 m/d,周末两天停采;

开采深度:1 000 m,地层平坦;

煤层厚度:2.0 m;

下沉系数:0.9;

主要影响角正切值:2.0;

主要影响半径:500 m;

地表点 P 距上工作面水平距离:900 m;

地表点 P 与各闸道的水平距离:150 m;

Schober & Sroka 的时间函数系数:$\xi_1 \cong f_1 = \infty \text{ year}^{-1}$(非延迟地表移动过程),$\xi_2 = 50 \text{ year}^{-1}$,$f_2 = 30 \text{ year}^{-1}$(德国鲁尔煤田开采和岩石条件下地表移动过程的典型延迟)。

6.1.2.2　地表动态下沉与下沉速度模拟

在时间 t 时,地表点 P 的下沉相当于 n 个开采单元最终下沉量 $\Delta S_{P,i}$ 的总和,并乘以相关的时间因子:

$$S_P(t) = \sum_{i=1}^{n} \left[\Delta S_{P,i} \phi(\Delta t_i) \right] \tag{6-4}$$

同样的方法,可以确定其他动态移动变形量,即把最终的地表移动变形值乘以相关的时间因素。模拟计算地表点 P 的位置如图 6-2 所示,关于地表点 P 的下沉过程曲线如下列各图所示[3]。

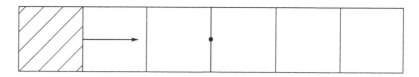

图 6-2　长壁工作面开采与地表点 P 的位置示意图

图 6-3 显示的时间下沉曲线 1,它代表了一个非延迟地表下沉过程($\xi_1 \cong f_1 = \infty$ year^{-1})。考虑到周末两天的停工,这条曲线的走向就像楼梯一样。动态下沉曲线 2($\xi_2 = 50$ year^{-1},$f_2 = 30$ year^{-1})采用考虑了地表下沉的延迟过程,与曲线 1 相比,在 P 点以下的工作面通过时,尚未达到最终下沉的一半,下沉过程的衰减发生在稍后。

周末的工作面停采会导致下沉差 ΔS_D(图 6-3),根据 Sroka 的研究[9],有:

$$\begin{cases} \Delta S_D \approx \dot{S}(T) \cdot \Delta t_{WE} & c = \infty \text{ year}^{-1} \\ \Delta S_D \approx c \cdot \dot{S}(T) \cdot \dfrac{\Delta t_{WE}^2}{2} & c \ll \infty \text{ year}^{-1} \end{cases}$$

式中,$\dot{S}(T)$ 为停采时的下沉速度;Δt_{WE} 为停采天数;c 为时间系数

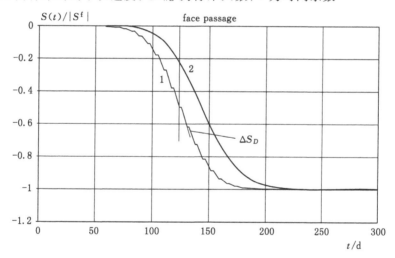

图 6-3　地表点 P 的动态下沉曲线图

1—瞬时地表移动过程;2—滞后地表移动过程;S^f—最终下沉。

图 6-4 中地表点 P 的时间下沉速度曲线 2($\xi_2 = 50$ year^{-1},$f_2 = 30$ year^{-1})已经揭示了下沉时间的影响,特别是在曲线的最大区域。在曲线 1 的情况下,根据非延迟移动($\xi_1 \cong f_1 = \infty$ year^{-1})计算,这种影响更为明显:曲线 1 的最大下沉量出现在 P 点以下的时间早于曲线 2 的时间。在周末,具有非延迟移动的下沉速度(曲线 1)总是返回到零。

图 6-5 中工作面停止的影响与时间下沉加速度曲线 2($\xi_2 = 50$ year^{-1},$f_2 = 30$ year^{-1})的基本过程重叠。相比之下,曲线 1($\xi_1 \cong f_1 = \infty$ year^{-1})有一个更为明显的特征:从周末初下沉过程的强烈减缓和工作周初的再次强烈加速来看,工作面推进停采时间的减速效应

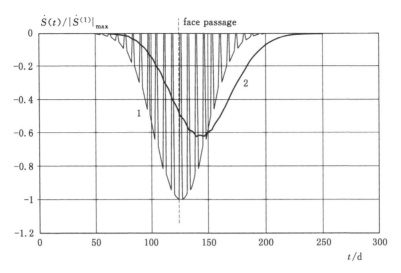

图 6-4　地表点 P 的时间下沉速度曲线图

1—瞬时地表移动过程；2—滞后地表移动过程。

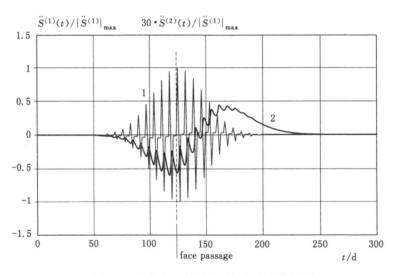

图 6-5　地表点 P 的时间下沉加速度曲线图

1—瞬时地表移动过程；2—滞后地表移动过程。

明显。因此，这里的加速度曲线在正值（周末下沉过程的延迟）和负值（下沉过程的加速，特别是在工作周开始时）之间振荡。因为在滞后下沉过程中，时间下沉加速度的量远小于曲线 1 的。

图 6-6 显示了瞬时发生的时间倾斜曲线 1（$\xi_1 \approx f_1 = \infty \ \text{year}^{-1}$）和滞后时间倾斜曲线 2（$\xi_2 = 50 \ \text{year}^{-1}$，$f_2 = 30 \ \text{year}^{-1}$）。如果考虑地表移动过程的延迟（曲线 2），说明工作面停止影响的曲线 1 的阶梯状过程是均匀的，这是典型的鲁尔煤田的开采和岩石条件。曲线 2 的最大值出现的时间晚于曲线 1 相对较高的最大值的时间。

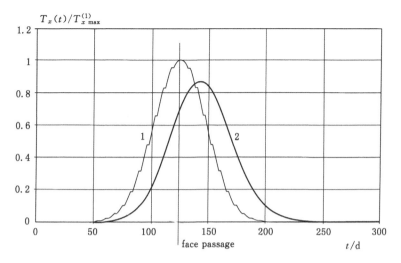

图 6-6　地表点 P 沿地表推进方向倾斜曲线图
1—瞬时地表移动过程；2—滞后地表移动过程。

沿工作面推进方向的最大倾斜发生在工作面通过 P 点（图 6-6 中的曲线 1，$\xi_1 \approx f_1 = \infty$ year^{-1}）或 18 d 后（图 6-6 中的曲线 2，$\xi_2 = 50$ year^{-1}，$f_2 = 30$ year^{-1}）。自倾斜开始—长壁面到达其末端位置—返回到零，倾斜速度显示在 P 点以下的面通过时代数符号的变化（图 6-7 中的曲线 1）或 18 d 后（图 6-7 中的曲线 2）。曲线 1 显示，倾斜速度在周末总是返回到零，曲线 2 显示周末工作面停工的影响远没有那么明显。

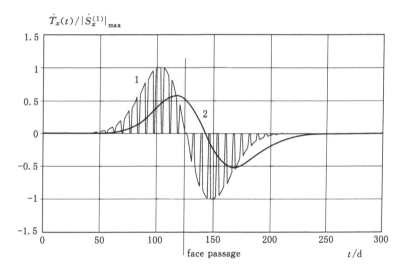

图 6-7　地表点 P 沿地表推进方向倾斜速度曲线图
1—瞬时地表移动过程；2—滞后地表移动过程。

对于瞬时地表移动过程，时间倾斜加速度（图 6-8）呈现一条振荡曲线 1（$\xi_1 \approx f_1 = \infty$ year^{-1}），这是由于周末开始时的强烈移动延迟和工作周开始时的移动重新加速所致。由于

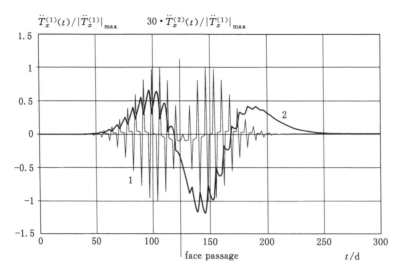

图 6-8　地表点 P 沿地表推进方向倾斜加速度曲线图

1—瞬时地表移动过程；2—滞后地表移动过程。

在 P 点以下的面通过时达到了面前进方向的最大倾斜度，并且伴随着代数符号的变化，该曲线的振荡在此时强烈减弱。同时，时间倾斜加速度曲线 2（$\xi_2 = 50 \text{ year}^{-1}$，$f_2 = 30 \text{ year}^{-1}$）清楚地显示了周末停工的影响。

图 6-9 显示了沿工作面推进方向时间拉伸/压缩曲线的各自过程（曲线 1：$\xi_1 \approx f_1 = \infty$ year^{-1}；曲线 2：$\xi_2 = 50 \text{ year}^{-1}$，$f_2 = 30 \text{ year}^{-1}$）。对于曲线 1，其阶梯状路线说明了周末故障的影响，从延伸到压缩的过渡发生在表面点下方的面通道时。曲线 2 未达到根据瞬时移动过程计算的时间延长或压缩的最大值（曲线 1）。同时，由于一个延迟的移动过程，曲线 2 的延伸最大值略大于其压缩最大值。

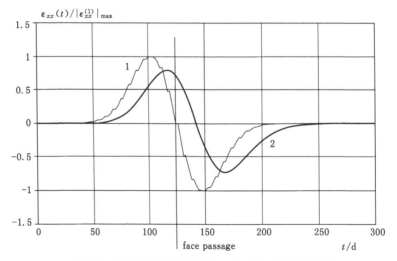

图 6-9　地表 P 点沿地表推进方向拉伸/压缩曲线图

1—瞬时地表移动过程；2—滞后地表移动过程。

图 6-10 中时间应变/压缩速度的最大值在表面点 P 下方的面通过时(曲线 1,$\xi_1 \approx f_1 = \infty$ year^{-1})或 16 d 后(曲线 2,$\xi_2 = 50$ year^{-1} ,$f_2 = 30$ year^{-1})达到。每个周末,工作面停止会导致曲线 1 降到零。考虑到鲁尔煤田采矿和岩石条件下典型的移动过程,曲线 2 使工作面停止的影响远不明显。

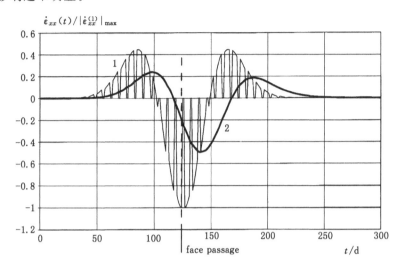

图 6-10　地表点 P 沿地表推进方向拉伸/压缩速度曲线图
1—瞬时地表移动过程;2—滞后地表移动过程。

图 6-11 中沿工作面推进方向的时间延长/压缩加速度曲线 1($\xi_1 \approx f_1 = \infty$ year^{-1})显示了在工作面通过所考虑的表面点下方时最大的振荡。曲线 2($\xi_2 = 50$ year^{-1} ,$f_2 = 30$ year^{-1})也清楚地显示了周末停工的影响,在延迟下沉过程中,出现的时间加速度要小得多。

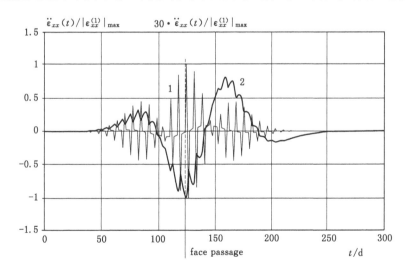

图 6-11　地表点 P 沿地表推进方向拉伸/压缩加速度曲线图
1—瞬时地表移动过程;2—滞后地表移动过程。

图 6-12 显示了在考虑两天周末停工的情况下,对于不同的 Knothe 时间函数系数 c 值,地表点 P 的时间下沉曲线。在 1 000 m 的开采深度[图 6-12(a)],工作面停止的影响在曲线 3 至曲线 5 中清晰可见($c=100$、200,∞ $year^{-1}$)。对于 300 m 的开采深度[图 6-12(b)],曲线 2($c=50$ $year^{-1}$)也显示在时间间隔 $t=110\sim125$ d 的影响。

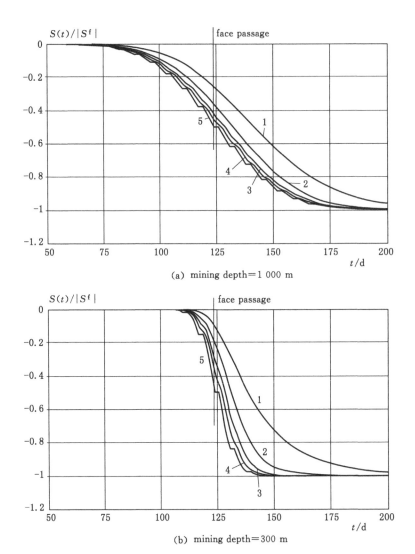

图 6-12　地表点 P 的时间下沉曲线图

曲线 1：$c=20$ $year^{-1}$；曲线 2：$c=50$ $year^{-1}$；曲线 3：$c=100$ $year^{-1}$；

曲线 4：$c=200$ $year^{-1}$；曲线 5：$c=\infty$ $year^{-1}$(Knothe 时间函数)

6.1.3　工作面推进不均匀和不规则停采时的地表下沉

进一步的模拟计算说明了不均匀的工作面推进速度和不规则的停采的影响(图 6-13 顶部)。对于地表点 P,确定了时间下沉曲线(图 6-13 底部)及其速度(图 6-14)和加速度(图 6-15)。

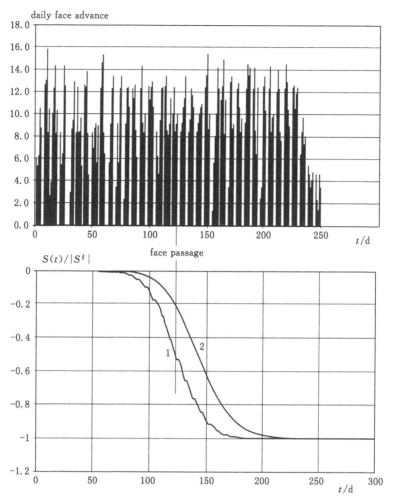

图 6-13　模拟不规则工作面推进速度（顶部）和地表点 P 的时间下沉（底部）曲线图

1—瞬时地表移动过程；2—滞后地表移动过程。

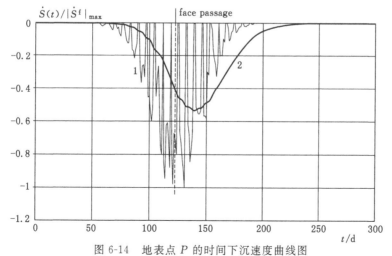

图 6-14　地表点 P 的时间下沉速度曲线图

1—瞬时地表移动过程；2—滞后地表移动过程。

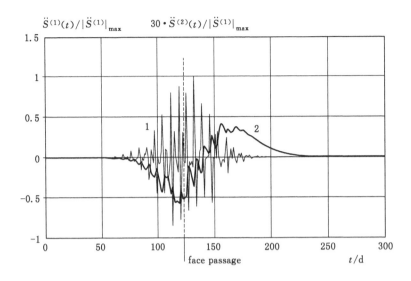

图 6-15　地表点 P 的时间下沉加速度曲线图

1—瞬时地表移动过程曲线；2—滞后地表移动过程。

6.1.4　应用案例

在鲁尔煤田，地表移动测量伴随着某个长壁工作面的开采过程[10]，采出的煤层厚度最初为 1.4 m，但在工作面的最后三分之一，煤层厚度增加了 35 cm，然后在工作面末端煤层厚度再次减少到 1.5 m。工作面宽度为 265 m，其长度为 1 250 m，开采深度在 780～910 m 之间。利用 GPS 测量，监测了 20 个目标点的移动，进行了 24 次重复测量，5 个控制点位于采矿引起的地表移动区域之外。实测值与计算对比曲线如图 6-16～图 6-18 所示。

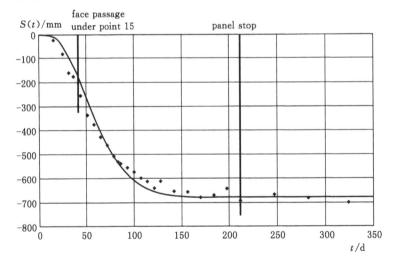

图 6-16　地表 15 号点实测与计算的动态下沉曲线图

($\gamma = 60$ gon, $a_1 = 0.30$, $a_2 = 0.90$, $c = 30$ year^{-1})

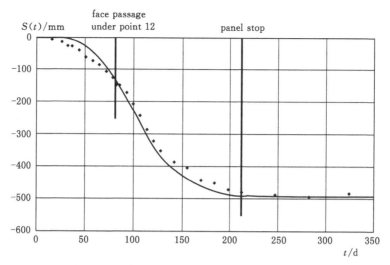

图 6-17　地表 12 号点实测与计算的动态下沉曲线图

($\gamma = 60$ gon，$a_1 = 0.20$，$a_2 = 0.70$，$c = 30$ year^{-1})

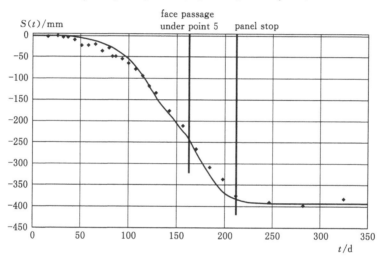

图 6-18　地表 5 号点实测与计算的动态下沉曲线图

($\gamma = 50$ gon，$a_1 = 0.30$，$a_2 = 0.94$，$c = 30$ year^{-1})

通过对长壁工作面的仿真计算,基于 Sroka & Schober 的双参数时间函数和克诺特的单参数时间函数,分析了表面点的延迟和非延迟移动过程。在工作周内,对瞬时地表移动过程和恒定工作面推进速率进行的计算已经显示了定期两天周末停工对地表下沉曲线为阶梯状影响,其加速度曲线在正负值之间震荡。在地表瞬时移动过程中,开采进度不均和工作面不规则停采的影响,明显影响了地表下沉发育过程。

6.2　竖井保护煤柱开采与变形预计

煤炭是中国的主要能源,虽然煤炭占中国能源结构的比例在降低,但仍然位于不可动摇的地位。为了满足国家的日常能源需求,我国煤炭不仅要增加大型现代化的矿井,也需要充分挖掘老旧矿井的潜力,解放日益严重的"三下"问题,延长矿井的服务年限,经济合理地提高煤炭资源的回收率,这对煤炭的利用具有重要的经济和社会意义。随着浅部煤炭资源的逐渐减少和枯竭,开采深度将越来越深,预计在未来 20 年很多煤矿将进入 1 000~1 500 m 的深度。随着开采深度的增加,井筒保护煤柱的压煤量急剧增大,这不仅严重影响了矿井采区布局,而且压覆了大量煤炭资源(表 6-1)。

表 6-1 部分工业广场压煤量表[11]

矿 名	煤柱类型	煤柱压煤量/万 t
兖州兴隆庄矿	主、副井及工业广场	3 934.90
兖州兴隆庄矿	风 井	943.30
淮北朱仙庄矿	主、副井及工业广场	2 482.00
淮北朱仙庄矿	风 井	96.00
开滦东欢坨矿	主、副井及工业广场	4 060.00
大屯龙东矿	主、副井及工业广场	433.00
鹤岗峻德矿	主、副井及工业广场	1 573.00
红阳煤矿一井	主、副井及工业广场	1 269.70
红阳煤矿一井	西 风 井	148.80
铁法大兴矿	主、副井及工业广场	5 400.00
铁法大兴矿	风 井	400.00
邢台东庞矿	主、副井及工业广场	2 282.80
邢台东庞矿	风 井	231.50
平顶山十三矿	主、副井及工业广场	1 831.00
平顶山十三矿	风 井	361.00
滕南蒋庄矿	主、副井及工业广场	666.50
滕南蒋庄矿	风 井	322.40
淮南潘一矿	主、副井及工业广场	2 818.00
辽源西安矿	主、副井及工业广场	1 100.00
开滦东赵各庄矿	风 井	1 000.00

为了减少井筒保护煤柱的压煤量,已经有煤矿开采了正常生产的井筒保护煤柱,甚至开始试采在建煤矿的井筒保护煤柱。另外,随着矿井煤炭资源的逐渐减少,许多矿井都将进入资源枯竭期,为了延长矿井服务年限,必将开采矿井的井筒保护煤柱。开采井筒保护煤柱,会引起井筒变形,但只要井筒变形不超过其安全临界变形值,就不会影响井筒的正常使用。例如,德国 Nordschacht 立井是 1963~1967 年采用冻结方法建造,井筒深度 447 m,20 世纪 70 年代末井筒延深至 1 250 m,井壁与围岩不固定,从 1966 年开始,在保护煤柱范围内,500~1 250 m 采深之间共计有 10 层煤冒落式开采,最大累计厚度达 13 m,部分开采方向背离井筒,部分开采方向朝向井筒,离井筒最近的工作面仅为 70 m,1968~1990 年井筒中心位移 450 mm,井筒受到较轻微的破坏,经过井壁充填沥青维修后正常使用,直到 2006 年关

闭[12]。井筒承受变形的能力与井筒材料性质、井筒断面面积以及围岩性质有关,一般情况下,当拉伸变形小于 3 mm/m、压缩变形小于 1 mm/m 时,平均倾斜小于 2 mm/m,局部倾斜小于5 mm/m,井筒仍然可以正常使用[13]。为了实现井筒保护煤柱安全开采,需要根据井筒移动变形预计结果确定井筒煤柱开采方案和井筒加固保护措施,对此需要研究井筒保护煤柱开采引起的井筒移动变形问题。本节根据国内外专业文献[14-16],把井筒变形与围岩变形视作相等,针对不同的开采方式提供了预计模型。

6.2.1 井筒保护煤柱开采工作面布设形式

关于井筒保护煤柱开采工作面布设有多种形式,如单向开采、对称对向开采、对称背向开采、协调开采、充填开采、三步法开采等。其中,三步法开采是波兰开采井柱常用的一种方法[17-20],并在实践中取得了成功。所谓"三步法"就是分三步对井筒矿柱进行开采。

第一步,在开采井筒保护煤柱时,保护井壁的最重要的技术措施是:把开采煤层水平处的井壁切割去掉,将刚性井壁换成可缩性木砖层,可消除井壁出现的应力集中,减少对井壁的破坏。

井壁切割的宽度为 m/a (m 是煤层开采厚度; a 是木砖压缩率,25%~40%)。将被开采煤层内的一段井壁截去,代之以可缩性木垛,即所谓井圈。一般有两种布设方式:一种在井壁切割处布设两组木砖垛,砖垛的宽度是 1.5~2.0 m,两砖垛间距是 1.5 m,并根据底板岩性要求在第一个砖垛下面铺设混凝土基础,如图 6-19 所示;另外一种是均匀布设木垛,如图 6-20 所示。

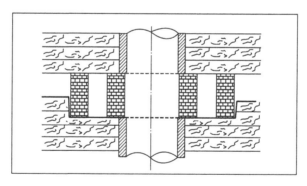

图 6-19 井壁木砖垛布设形式一

第二步,开采井筒周围的小方块矿柱。此方块矿柱的大小与采深有关,当采深为 200~500 m 时,方块矿柱尺寸取 40 m×40 m。一般情况下,可取覆岩裂隙带高度作为小方块煤柱等价正方形边长。小方块煤柱开采井筒保护煤柱如图 6-21 所示。

第三步,回采整个井筒矿柱,此时可采用单向、对称、协调、充填、条带等开采方法。

采用此法开采井筒矿柱有如下优点:① 使井筒与采煤工作面隔开,以免采空区自然发火蔓延到井筒内;② 由于事先开采方块矿柱,可使采煤工作面不再接近井筒,保证井筒的安全;③ 开采方块矿柱,可使井筒形成初始拉伸变形,以便在全矿柱回采时抵消部分压缩变形;④ 减小了井筒的偏斜。

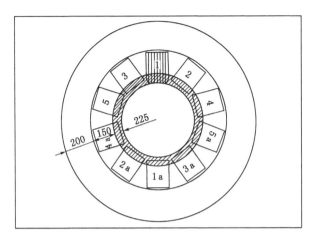

图 6-20　井壁木砖垛布设形式二

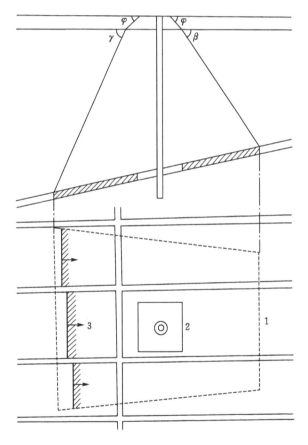

图 6-21　井筒保护煤柱开采示意图[19]

1—煤柱边界；2—小方块煤柱；3—开采工作面。

6.2.2 "小方块煤开采"井筒移动变形预计

6.2.2.1 "小方块煤开采"井筒移动变形预计模型

把"小方块煤开采"等效为环形开采[20,21]，设环形开采区域如图 6-22 所示。

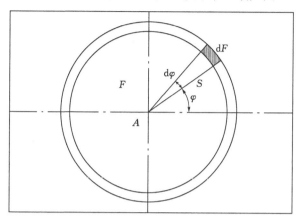

图 6-22　环形开采地表点下沉预计

单元开采 dF 引起地表点 A 的单元下沉 dW_A 为：

$$dW_A = W_{max} f(S, \varphi) dF = W_{max} f(S, \varphi) S d\varphi dS \tag{6-5}$$

面积为 F 的煤层全部采出后，A 点的下沉值为：

$$W_A = W_{max} \iint_F f(S) \cdot S d\varphi dS \tag{6-6}$$

当采用概率积分法模型时，有：

$$f(S) = \frac{1}{r^2} e^{-\pi \left(\frac{S}{r}\right)^2} \tag{6-7}$$

则得：

$$W_A = \frac{W_{max}}{r^2} \int_0^{2\pi} d\varphi \int_0^R S \cdot e^{-\pi \left(\frac{S}{r}\right)^2} dS = W_{max} \left[1 - e^{-\pi \left(\frac{R}{r}\right)^2} \right] \tag{6-8}$$

当用半径为 R 的环形对称回采井筒煤柱时，在 Z 水平上井筒轴线处岩层下沉可以用下式表示：

$$W_{(0,z)} = W_{max} \left[1 - e^{-\left(\frac{R}{r_z}\right)^2} \right] \tag{6-9}$$

式中，r_z 为覆岩内部影响半径，且令 $r_z = r \cdot \dfrac{Z}{H}$。

对式(6-9)求导数，可得沿井筒轴线方向的变形：

$$\varepsilon_{(0,z)} = \frac{dW_{(0,z)}}{dZ} = 2\pi W_{max} \frac{R^2}{r^2} \cdot \frac{H^2}{Z^3} \cdot e^{-\pi \frac{R^2 H^2}{r^2 Z^2}} \tag{6-10}$$

对 $\varepsilon_{(0,z)}$ 求极值，当 $Z_m = 1.447 \dfrac{R}{r} H$ 时，$\varepsilon_{(0,z)}$ 的最大值为：

$$\varepsilon_{(0,z)max} = 0.462 W_{max} \frac{r}{RH} \tag{6-11}$$

6.2.2.2 应用算例

下面举例说明上述理论的具体应用。设开采深度为 300 m,水平煤层开采,煤层厚度为 5.0 m,小方块煤柱等面积开采半径为 28 m,用环形对称开采,水砂充填管理顶板,预计参数 $q=0.20, \tan\beta=2.0$,预计沿井筒轴线方向的下沉与拉伸变形如下。

（1）开采主要影响半径:

$$r=\frac{H}{\tan\beta}=\frac{300}{2.0}=150 \text{（m）}$$

（2）分采动时地表最大下沉值:

$$W_{\max}=mq=5\,000\times0.2=1\,000 \text{（mm）}$$

（3）计算最大拉伸变形位置:

$$Z_{\mathrm{m}}=1.447\frac{R}{r}H=1.447\times\frac{28}{150}\times300=81 \text{（m）}$$

（4）计算最大拉伸变形值:

$$\varepsilon_{(0,z)\max}=0.462W_{\max}\frac{r}{RH}=0.462\times1\,000\times\frac{150}{28\times300}=8.25 \text{（mm/m）}$$

（5）不同开采水平的预计结果,见表 6-2 所示。

表 6-2 井筒下沉与拉伸变形预计值

开采水平（Z）/m	Z/H	$W_{(0,z)}$ /mm	$\varepsilon_{(0,z)}$ /(mm/m)
300	1.0	104	0.6
270	0.9	124	0.8
240	0.8	156	0.9
210	0.7	200	1.8
180	0.6	263	2.6
150	0.5	354	3.8
120	0.4	495	5.8
90	0.3	680	8.1
81.0	0.275	766	8.2
60	0.2	935	5.9
30	0.1	1 000	0
15	0.05	1 000	0
0	0	1 000	0

（6）预计曲线图,如图 6-23 所示。

6.2.2.3 开采影响半径指数 n 对预计结果的影响

考虑开采影响半径指数 n 的影响,采用半径为 R 的环形对称回采时,在 Z 水平处岩层下沉可以用下式表示:

$$W_{(0,z)}=W_{\max}\left[1-\mathrm{e}^{-\left(\frac{R}{r_z}\right)^2}\right] \tag{6-12}$$

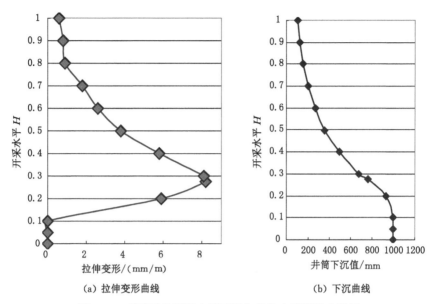

图 6-23　环形开采覆岩内部下沉与拉伸变形预计曲线图

$$r_z = r\left(\frac{z}{H}\right)^n \tag{6-13}$$

采动覆岩内部开采主要影响半径 r_z 分布如图 6-24 所示。

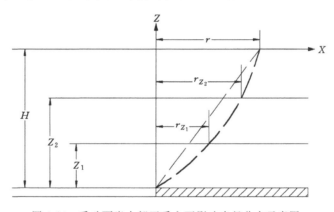

图 6-24　采动覆岩内部开采主要影响半径分布示意图

对式(6-12)求导数,可得沿垂直方向的变形:

$$\varepsilon_{(0,z)} = \frac{\mathrm{d}W_{(0,z)}}{\mathrm{d}Z} = 2\pi n W_{\max} \frac{R^2}{r^2} \cdot \frac{H^{2n}}{Z^{2n+1}} \cdot \mathrm{e}^{-\pi\frac{R^2 H^{2n}}{r^2 Z^{2n}}} \tag{6-14}$$

对 $\varepsilon_{(0,z)}$ 求极值,当 $Z_\mathrm{m} = H \cdot \sqrt[2n]{\dfrac{2n\pi}{(2n+1)} \cdot \dfrac{R^2}{r^2}}$ 时(根据实际意义应有 $Z_\mathrm{m} \leqslant H$), $\varepsilon_{(0,z)}$ 的最大值为:

$$\varepsilon_{(0,z)\max} = (2n+1) \cdot \frac{W_{\max}}{H} \cdot \frac{1}{\sqrt[2n]{\dfrac{2n\pi}{(2n+1)} \cdot \dfrac{R^2}{r^2}}} \exp\left(-\frac{2n+1}{2n}\right) \tag{6-15}$$

当 $n = 1.0$ 时：

$$\begin{cases} Z_m = 1.447 \dfrac{R}{r} H \\[3mm] \varepsilon_{(0,z)\max} = 0.462 W_{\max} \dfrac{r}{RH} \end{cases} \tag{6-16}$$

当 $n = 0.5$ 时：

$$\begin{cases} Z'_m = 1.57 \dfrac{R^2}{r^2} H \\[3mm] \varepsilon'_{(0,z)\max} = 0.172 W_{\max} \dfrac{r^2}{R^2 H} \end{cases} \tag{6-17}$$

通过上述分析可以看出，n 不仅影响预计变形值的大小，而且也影响预计最大变形值出现的位置。为了更直观地描述 n 对变形预计的影响，当取 $n = 0.1 \sim 1.0$ 时，覆岩拉伸变形预计曲线如图 6-25 所示[21]。

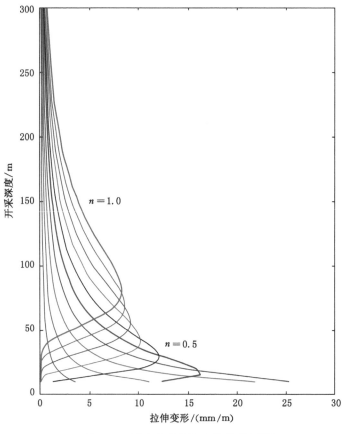

图 6-25　覆岩变形预计比较曲线图[21]

在井筒变形预计中，考虑开采影响半径指数 n 的影响是十分必要的。关于开采影响半径指数 n 的研究吸引了许多学者，如表 6-3 所列[22,23]。

表 6-3　不同学者研究的 n 因子值

学者	年份	数值
Budryk	1953	$n = \sqrt{2\pi} \cdot \tan\beta$
Mohr	1958	$n = 0.65$
Krzysztoń	1965	$n = 1.0$
Drzęźla	1972	$n = 0.525$
Sroka and Bartosik-Sroka	1974	$n = 0.50$
Drzęźla	1975	$n = 0.665$
Gromysz	1977	$n = 0.61$
Drzęźla	1979	$0.47 \leqslant n \leqslant 0.49$
Kowalski	1984	$0.48 \leqslant n \leqslant 0.66$
Zych	1985	$n = 0.55$
Drzęźla	1989	$0.50 \leqslant n \leqslant 0.70$
Preusse	1990	$n - 0.54$

6.2.3　长壁开采覆岩移动变形预计

6.2.3.1　长壁开采覆岩移动变形预计模型

采用单一长工作面由煤柱一侧向另一侧连续开采煤柱时,其几何关系可以用图 6-26 描述,预计覆岩 Z 水平处的下沉和变形如下。

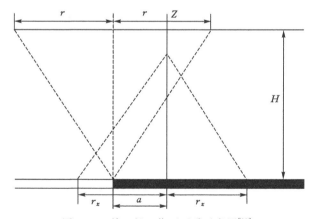

图 6-26　单一长工作面开采示意图[19]

下沉:

$$W_{(0,z)} = W_{\max}\left(\frac{1}{2} + \frac{a}{r_z} \pm \frac{1}{2} \cdot \frac{a^2}{r_z^2}\right) \tag{6-18}$$

变形:

$$\varepsilon_{(0,z)} = \frac{\mathrm{d}W_{(0,z)}}{\mathrm{d}Z} = \mp W_{\max}\frac{H}{Z^2}\left(\mp\frac{a}{r} - \frac{a^2 H}{r^2 Z}\right) \tag{6-19}$$

当 $a = \mp\dfrac{rZ}{2H}$ 时,最大变形为:

$$\varepsilon_{(0,z)\max} = \mp \frac{W_{\max}}{4Z} = \mp \frac{W_{\max}}{8Ha} \qquad (6-20)$$

式中，a 为采煤工作面至坐标原点的距离。当工作面接近井筒时用"－"号，工作面采过坐标原点时用"＋"号。

在给定 a 值的条件下，即采煤工作面推进至坐标原点的距离为 a 时，覆岩沿方向的变形和出现的位置分别为：

$$Z_{\mathrm{m}} = \frac{3}{2} \times \frac{a}{r} H \qquad (6-21)$$

$$\varepsilon_{Z\max} = \frac{W_{\max}}{H} \frac{0.148}{a/r} \qquad (6-22)$$

下面分别讨论采煤工作面至坐标原点不同距离时，覆岩的下沉和变形情况。

① 当 $a \leqslant -r$，开采对 Z 轴没有影响。

② 当 $a = -0.5r$，即 $\frac{a}{r} = -\frac{1}{2}$ 时，Z 轴受压缩变形影响，由式(6-18)和式(6-19)可得：

$$W_{(0,z)} = W_{\max}\left(\frac{1}{2} + \frac{aH}{rZ} + \frac{1}{2} \cdot \frac{a^2 H^2}{r^2 Z^2}\right) \qquad (6-23)$$

$$\varepsilon_{(0,z)} = -k_1 \frac{W_{\max}}{H} \qquad (6-24)$$

$$k_1 = \frac{H^2}{Z^2}\left(-\frac{a}{r} - \frac{a^2}{r^2} \cdot \frac{H}{Z}\right) \qquad (6-25)$$

③ 当 $a = 0$ 时，可得：

$$W_{(0,z)} = \frac{1}{2}W_{\max} \qquad (6-26)$$

$$\varepsilon_{(0,z)} = 0 \qquad (6-27)$$

④ 当 $a = 0.5r$，即 $\frac{a}{r} = 0.5$ 时，Z 轴受压缩变形影响，可得：

$$W_{(0,z)} = W_{\max}\left(\frac{1}{2} + \frac{aH}{rZ} - \frac{1}{2} \cdot \frac{a^2 H^2}{r^2 Z^2}\right) \qquad (6-28)$$

$$\varepsilon_{(0,z)} = k_2 \frac{W_{\max}}{H} \qquad (6-29)$$

$$k_2 = \frac{H^2}{Z^2}\left(\frac{a}{r} - \frac{a^2}{r^2} \cdot \frac{H}{Z}\right) \qquad (6-30)$$

⑤ 当 $a \geqslant r$ 时，可得：

$$W_{(0,z)} = W_{\max} \qquad (6-31)$$

$$\varepsilon_{(0,z)} = 0 \qquad (6-32)$$

上面分别讨论了采煤工作面至 Z 轴 5 个不同距离时，覆岩内部的下沉和变形情况，相关的研究成果可以为井筒煤柱开采预计提供依据。

6.2.3.2　应用算例

采用长壁开采竖井保护煤柱，煤层开采深度 $H = 300$ m，开采主要影响半径 $r = 150$ m，充分采动时地表最大下沉值 $W_{\max} = 1\,000$ mm。计算回采位于井筒左侧 $a = -0.5r$ 和右侧 $a = +0.5r$ 时井筒轴向变形，计算如下[7]：

① 当 $a \leqslant -r$ 时，$\dfrac{a}{r} \leqslant -1$，开采对井筒没有影响；

② 当 $a = -0.5r$ 时，$\dfrac{a}{r} = -\dfrac{1}{2}$，根据式(6-23)～式(6-25)可计算井筒下沉与压缩变形，如表 6-4 所列。

表 6-4　$a = -0.5r$ 时井筒下沉与压缩变形预计

点号		0	1	2	Z_m	3	4	5
Z/H		0.5	0.6	0.7	0.75	0.8	0.9	1.0
下沉值/mm	$W_{(0,Z)}$	0	14	41	56	71	98	126
轴向变形值/(mm/m)	$\varepsilon_{(0,Z)}$	0	−0.77	−0.97	−0.99	−0.97	−0.91	−0.83

③ 当 $a = +0.5r$ 时，$\dfrac{a}{r} = \dfrac{1}{2}$，根据式(6-28)～式(6-30)可计算井筒下沉与拉伸变形，如表6-5所列。

表 6-5　$a = +0.5r$ 时井筒下沉与拉伸变形预计

点号		0	1	2	Z_m	3	4	5
Z/H		0.5	0.6	0.7	0.75	0.8	0.9	1.0
下沉值/mm	$W_{(0,Z)}$	1 000	986	959	944	930	902	875
轴向变形值/(mm/m)	$\varepsilon_{(0,Z)}$	0	+0.77	+0.97	+0.99	+0.97	+0.91	+0.83

当开采到 $a = -0.5r$ 时，井筒受到压缩变形，当开采到 $a = +0.5r$ 时，井筒受到拉伸变形，井筒变形预计曲线分别如图 6-27 和图 6-28 所示。

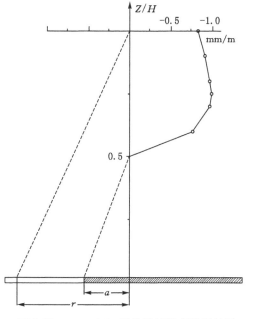

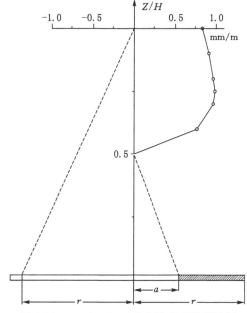

图 6-27　$a = -0.5r$ 时井筒压缩变形预计图　　　图 6-28　$a = +0.5r$ 时井筒拉伸变形预计图

6.3　盐穴变形引起的地表移动预计

6.3.1　岩盐水溶开采引发的地表沉陷概况

　　岩盐水溶开采后,在地下形成巨大空间的盐穴,开发利用盐穴存储核废料、石油、天然气等物质,在经济上合理、技术上可行且有利于环境保护,它有着重要的经济和技术开发价值[21,37,39]。目前世界上有多座岩盐穴地下储气库在运行,中国在该领域的开发利用较晚。尽管盐穴具备诸多的优势,但盐岩所特有的流变性质、力学特性以及在盐穴建设和使用过程中周期性压力的共同作用力,使得盐穴也存在着许多潜在的危险和事故,如盐穴地区地表大面积沉陷[24,25]、盐穴容积的大量缩小、油气泄漏以及单盐穴失效破坏造成的连锁性库群灾变等,将威胁到矿区的生产和生命财产的安全。由于岩体是一种十分复杂的介质,其力学参数测定较难,从纯力学角度研究岩层地表移动还存在很多困难[26,27]。本节把盐穴收敛引起的地表下沉视作一个随机过程,应用影响函数法预计地表下沉,为评估地表下沉损害程度和安全预警提供依据。

　　岩盐水溶开采不可避免地破坏地下原始应力平衡,使盐穴的围岩发生一定形态的移动变形。在一定条件下,移动变形会显现在地表面,形成地表移动与变形。文献[13]给出了一个盐穴变化实例:盐穴压力变化,导致盐穴半径缩小,当盐穴压力差为 $3\sim8$ MPa,盐穴半径缩小 $6\sim25$ mm/a,盐穴体积缩小 0.16%,地表下沉 $2\sim30$ mm/a。美国 Texas 124 个盐穴区地表下沉 40 mm/a[28],具体数据与分布如图 6-29～图 6-31 所示。

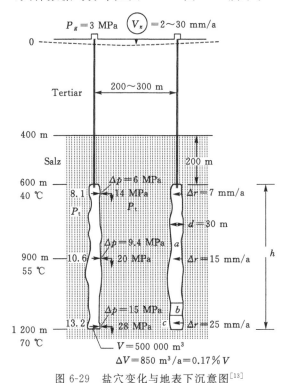

图 6-29　盐穴变化与地表下沉意图[13]

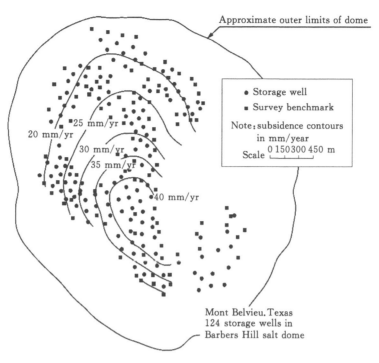

图 6-30　美国 Texas 124 个盐穴区地表下沉分布[28]

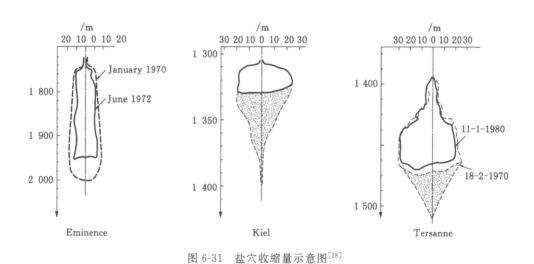

图 6-31　盐穴收缩量示意图[28]

参考国内外众多相关文献和报道,对盐穴储气库地表沉陷事故统计如表 6-6～表 6-7 所列。

表 6-6 储气库建立前岩盐开采阶段地表下沉

盐矿名称	时间/地点	事故描述及损失
Bernburg	德国	储存库地面中心区域的地面沉降量达 40 mm 左右
Tuzla	南斯拉夫	矿化水渗入,造成在矿层中形成盐水层,水位降低了 200 m,致使地表最大沉降近 10 m,几乎导致 1 000 栋房屋被毁,15 000 户居民被迫迁出,基础设施不同程度地破坏
Retsof	1994 年 美国纽约	发生坍塌和溢流,地下水位下降,造成水由塌陷处流入矿洞和上覆含水系统沉积物的快速压缩而产生的地表沉陷,在 20 个月期间沉降速度超过 15 cm/a,造成极大的灾难,沉陷区内的建筑物、基础设施、地质环境遭到毁坏性破坏,严重影响沉陷区内的工农业生产
维涅尔达盐矿	英国	破坏城市住房四百多套
帕达林吉雅	法国	损害了通往巴黎的铁路线
云应盐矿	1992~1999 年 中国湖北	发生两次剧烈的地面沉降,造成了巨大的财产损失和环境影响
定远东兴盐矿	2005~2006 年 中国安徽	发生两次大面积的地面沉降,沉陷面积分别达到 8 300 m² 和近 4 000 m²,形成了一个巨大的椭圆形盐水湖,对当地环境造成严重影响
凤岗盐矿	1963~1968 年 中国云南	发生两次陷落,直径约 60 m,深约 10 m,随后又相继发生了较大的地表塌陷
一平浪盐矿	1961~1965 年 中国云南	北采区曾发生地表塌陷事故,直径约 80 m,深约 15 m,而地表变形范围达 0.4 km²
乔后盐矿	1989 年 中国云南	采区内 12 号钻井盐穴(约 40 000 m³)首先垮塌,从而引起上部采空区和地表的大塌陷,塌陷直径约 80 m 深 15 m,对该矿造成了巨大的损失
磨黑盐矿	中国云南	采区上部地表已产生一定的变形,但还未发生塌陷
长山盐矿	中国四川	由于岩盐大面积连通,井组开采造成地表沉陷,卤水涌出地表,使数百亩耕地严重减产,甚至不能再耕作

表 6-7 储气库建设运营阶段地表下沉

储气库名称	时间/地点	储存物	事故描述	影响半径/m	经济损失
West Hackberry	20 世纪 60 年代 美国路易斯安那州	石油	地面沉降 65 mm/a	约为 650	耕地赔偿约 1 300 万元
Tersanne	1960~1980 年 法国	天然气	有效体积损失 35%,地面沉降 40 mm/a	约为 2 000	耕地赔偿约 9 000 万元
Bryan Mound	1982~1998 年 美国得克萨斯州	石油	地面沉降 36 mm/a	约为 600	耕地赔偿为 850 万元
Mont Belvieu	1983~1993 年 美国得克萨斯州	液体丙烷	地面沉降20~40 mm/a	约为 1 500	耕地赔偿约 5 000 万元

表 6-7(续)

储气库名称	时间/地点	储存物	事故描述	影响半径/m	经济损失
Big hill	1989~1999 年 美国得克萨斯州	石油	地面沉降 90 mm/a	约为 1 000	耕地赔偿约为 2 500 万元
Kiel	1966 年 德国	天然气和氢气	40 d 后体积收缩12.3%	地下盐穴范围	腔体失效经济损失 5 000 万元
Eminence	1960~1962 年 美国密西西比州	天然气	腔体收缩 40%	地下盐穴范围	腔体失效经济损失 5 000 万元
Stratton Ridge	20 世纪 90 年代 美国得克萨斯州	天然气	腔体弃用,沉陷约 40 mm/a	储存群产生局部下沉	腔体失效经济损失 5 000 万元

6.3.2　岩盐水溶开采地表移动一般规律

岩盐水溶开采后,在地下形成巨大空间的盐穴,地下盐穴无论是作为储库,还是密封废置,都存在着盐穴体积逐渐变小的可能性。盐穴体积的变化受岩层物理力学性质及压力和温度等许多因素的影响,是一个复杂的时空力学过程,盐穴体积逐渐变小,最终会通过岩层反映到地表,而形成地表下沉盆地,产生地表移动与变形,引发塌陷型地质灾害,将威胁到矿区的生产和生命财产的安全。研究盐穴体积收敛引起的地表下沉问题最有效的办法是通过实地观测,下面分别介绍国外的观测成果。

6.3.2.1　德国盐穴地表移动监测概况

（1）地表下沉与水平移动

德国应用盐穴存储石油、天然气等物质,相关文献给出了 Oberberg 矿区的盐穴存储概况,如表 6-8 所列[29]。

表 6-8　Oberberg 矿区的盐穴存储概况

地点	盐穴数量/个	存储物质	深度/m
Blexen	5	石油	640~1 430
Blemen-lesum	6	石油	540~1 300
Empelde	3	天然气	1 280~1 830
Etzel	33	石油	800~1 600
Heide	1	丁烷	660~660
Heide	11	石油	660~1 150
Huntorf	4	天然气	630~940
Kiel	1	天然气	1 500~1 800
Neuenhuntorf	2	压缩空气	650~680
Ruestringen	36	石油	1 220~2 000

为了监测盐穴的移动变形,布设了地表移动观测站,观测站的观测量概况如表 6-9 所列。

表 6-9　观测站的观测量概况

	1983 年	1985 年	1988 年
监测点数/个	102	56	102
观测边长数/个	213	130	256
观测方向数/个	393	228	468
观测量总数/个	606	358	634

观测站的水平移动矢量和下沉分布如图 6-32、图 6-33 所示。

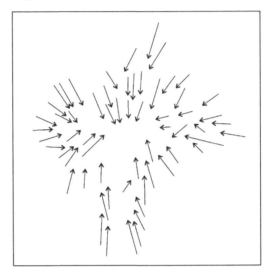

图 6-32　观测站地表水平移动矢量图[30]

（2）地表移动变形范围

以地表下沉值 0 mm 为边界，确定的走向边界角为 37.8°，下山边界角为 39.6°，上山边界角为 38.7°，地表下沉盆地范围剖面如图 6-34 所示[46]。

（3）盐穴收缩量

Etzel 矿区地质概况见表 6-10。

表 6-10　Etzel 矿区地质概况[31]

	最小值	最大值	平均值
覆岩厚度/m	643	1 024/650～660	640
盐层顶板垂直深度/m	816	1 211	910
盐层底板垂直深度/m	1 405	1 809	1 530
盐穴高度/m	250	643	610
盐穴最大直径/m	26	66	49
盐穴体积/m³	144 000	585 000	418 000

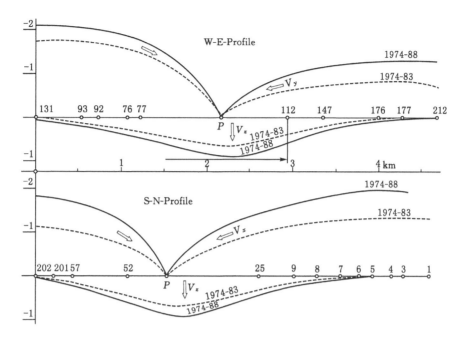

图 6-33　观测站地表下沉与水平移动剖面图[30]

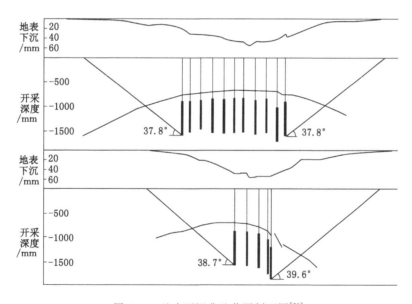

图 6-34　地表下沉盆地范围剖面图[29]

其中几个盐穴的收缩情况如下：

K118 盐穴：平均深度为 1 130 m，盐穴体积为 518 000 m³，平均每年最小收缩率为 0.1%；

K106 盐穴：平均深度为 1 200 m，盐穴体积为 506 600 m³，在 4.5 a 累计收缩率超过 10%；

K120 盐穴:平均深度为 1 360 m,盐穴体积为 518 000 m³,平均每年收缩率为 0.2%。

6.3.2.2　法国盐穴地表移动监测概况

法国的第一座盐穴储气库 1968 年建于 Tersanne,上覆岩层为黏土岩和砂岩,盐层厚度为 650 m,存储库埋藏深度为 1 500 m。文献报道了地表监测结果如图 6-35～图 6-36 所示[28]。

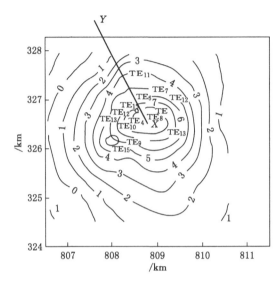

图 6-35　Tersanne 储气库分布与下沉等值线图[28]

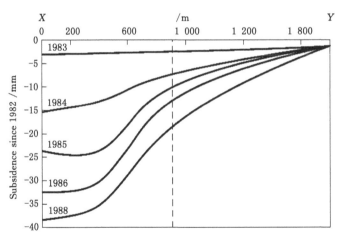

图 6-36　Tersanne 地表下沉盆地剖面图[28]

通过对盐穴储气库地表移动变形的监测,可以发现岩盐水溶开采地表移动一般规律如下:

① 在一定的条件下盐穴会产生收缩,当盐穴的收缩量传播到地表时,将引起地表移动与变形,形成下沉盆地。

② 地表移动矢量指向下沉盆地中央方向,即指向盐穴集中分布区域的中心方向。

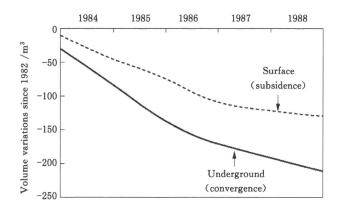

图 6-37　地表下沉与盐穴收缩关系曲线图[28]

③ 以地表下沉值 0 mm 为边界,确定的走向边界角为 37.8°,下山边界角为 39.6°,上山边界角为 38.7°。

④ 位于开采影响范围内的建(构)筑物、道路、管线等会受到一定的开采损害影响。

⑤ 岩盐水溶开采的地表移动一般规律与煤层开采基本一致,可以把岩盐水溶开采视作一种特殊开采,借助煤矿开采沉陷理论对其进行相关深入研究。盐穴被广泛应用于存储石油、天然气,在温度与压力的作用下,盐穴会发生蠕变,导致盐穴收缩,引起地表下沉。

6.3.3　盐穴收缩引起的地表下沉计算

20 世纪 80 年代中期,德国盐穴收缩引起的地面沉降已达到可测量值。在下萨克森州政府资助的一个项目中,基于克诺特理论,Sroka 和 Schober(1982)提出了一个解决方案[7,32-34],解决了单个盐穴的下沉分布(图 6-38):

$$S(r,t) = S_{\max}(t) \cdot \frac{R_0 \cdot R_u}{r \cdot h} \cdot \tan \beta \cdot \left[F\left(\frac{r}{R_u}\right) - F\left(\frac{r}{R_0}\right) \right] \tag{6-33}$$

$$F\left(\frac{r}{R}\right) = \int_{\frac{r}{R}}^{\infty} \exp(-\pi \lambda^2) \, \mathrm{d}\lambda \tag{6-34}$$

$$R_u = H_u \cdot \cot \beta, R_0 = H_0 \cdot \cot \beta \tag{6-35}$$

式中,$S(r,t)$ 为距离盐穴轴线 r 处的地表点在 t 时刻的沉降;$S_{\max}(t)$ 为 t 时刻最大沉降量。

做一些简化假设,式(6-33)可以用下式代替:

$$S(r,t) = S_{\max}(t) \cdot \exp\left(-\pi \frac{r^2}{R^2}\right) \tag{6-36}$$

式中:

$$R = \sqrt{R_0 \cdot R_u} \tag{6-37}$$

由公式(6-36)可知,最大沉降量与下沉盆地体积存在关系:

$$M(t) = S_{\max}(t) \cdot R^2, S_{\max} = \frac{M(t)}{R^2} \tag{6-38}$$

式中,$M(t)$ 为下沉盆地的体积。

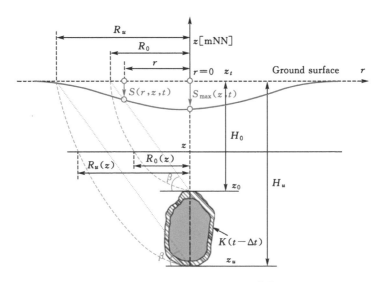

图 6-38　盐穴上方的下沉盆地[35]

H_0—洞顶的深度；H_u—盐穴面的深度；R_0—水平方向水平影响参数（即主要影响半径，从盐穴算起）；

R_u—主要影响半径，从盐穴底算起；h—盐穴的高度。

通过假设单个盐穴的下沉量线性叠加，来计算地表任意点处的沉降量。下沉盆地的体积 $M(t)$ 取决于体积收缩 $K(t)$、上覆岩体的延迟影响以及与上层覆岩变形。时间收敛可以用对数函数或指数函数来分析描述。例如，Schober 和 Sroka（1986）采用模型得出的地表沉陷盆地体积可由下式表示[34]：

$$M(t) = a \cdot V \cdot \left[1 + \frac{f}{\xi - f} \cdot \exp(-\xi \cdot t) - \frac{\xi}{\xi - f} \cdot \exp(-f \cdot t) \right] \qquad (6-39)$$

式中，a 为体积损失系数（$a = 1.0$ 时没有体积损失）；V 为盐穴的初始体积；ξ 为相对体积收缩率（即 $\xi = 0.02/a$ 时表示体积收缩的速度为每年当前体积的 2%）；f 为岩层移动参数。

对下沉结果的现场分析表明，系数 a 实际上等于 1，这意味着岩体中没有体积损失，式（6-39）可简化为下式：

$$M(t) = a \cdot K(t - \Delta t) \qquad (6-40)$$

$$\Delta t \approx \frac{(\xi + f)}{(\xi \cdot f)} \qquad (6-41)$$

式中，$K(t - \Delta t)$ 为 $t - \Delta t$ 时刻盐穴的体积收缩；Δt 为上层覆岩移动延迟时间。

$S_{\max}(t)$ 的值还取决于盐穴的形状（即圆柱体、球体或圆锥体）和收缩的几何模型[32,35]。对比计算结果表明，最大沉降值可以很好地近似为下式：

$$S_{\max}(t) = \frac{a \cdot K(t - \Delta t)}{R^2} \qquad (6-42)$$

6.3.3.1　不同几何形状的单体盐穴地表最大下沉计算模型

地表下沉受盐穴几何形状的影响，不同几何形状的单体盐穴地表最大下沉值计算公式见表 6-11[36]。

表 6-11 基于洞室几何形状的地表最大下沉计算模型[36]

Geometrical shape of the cavern(scheme)	Shape cavern	Formula
	cylinder	$S_{\max}(t) = \dfrac{a \cdot K(t - \Delta t)}{z_0 \cdot z_u} \cdot \tan^2 \beta$
	sphere	$S_{\max}(t) = 2 \cdot \pi \cdot a \cdot \tan^2 \beta \cdot z_m \cdot$ $\dfrac{K(t - \Delta t)}{V}\left[\ln\left(\dfrac{z_m + r}{z_m - r}\right) - \dfrac{2 \cdot r}{z_m}\right]$ $r = \sqrt[3]{\dfrac{3 \cdot V}{4 \cdot \pi}}$
	ellipse	$S_{\max}(t) = 2 \cdot \pi \cdot a \cdot \tan^2\beta \cdot z_m \cdot \dfrac{B^2}{A^2} \cdot$ $\left[\ln\dfrac{z_m + A}{z_m - A} - \dfrac{2A}{z_m}\right]$ $= \dfrac{3}{2} \cdot \tan^2\beta \cdot \dfrac{a \cdot K(t - \Delta t)}{A^3} \cdot z_m \cdot$ $\left[\ln\dfrac{z_m + A}{z_m - A} - \dfrac{2A}{z_m}\right]$

表 6-11(续)

Geometrical shape of the cavern(scheme)	Shape cavern	Formula
	cone	$S_{\max}(t) = \dfrac{3 \cdot a \cdot K(t - \Delta t)}{h^2} \cdot \tan^2\beta \cdot$ $\left[1 + \dfrac{z_u}{z_0} - 2 \cdot \dfrac{z_0}{h} \cdot \ln \dfrac{z_u}{z_0} \right]$
	cone	$S_{\max}(t) = \dfrac{3 \cdot a \cdot K(t - \Delta t)}{h^2} \cdot \tan^2\beta \cdot$ $\left[1 + \dfrac{z_u}{z_0} - 2 \cdot \dfrac{z_0}{h} \cdot \ln \dfrac{z_u}{z_0} \right]$

表 6-11(续)

Geometrical shape of the cavern(scheme)	Shape cavern	Formula
	truncated cone	$$S_{\max}(t) = \pi \cdot a \cdot \frac{K(t-\Delta t)}{V} \cdot \tan^2\beta \cdot \frac{(r_0-r_u)^2}{h} \cdot$$ $$\left[1 - 2\frac{z_u^*}{h} \cdot \ln\frac{z_u}{z_0} + \frac{(z_u^*)^2}{z_0 \cdot z_u}\right]$$ $$z_u^* = z_u + \frac{h \cdot r_0}{r_0 - r_u}$$
	truncated cone	$$S_{\max}(t) = \pi \cdot a \cdot \frac{K(t-\Delta t)}{V} \cdot \tan^2\beta \cdot \frac{(r_u-r_0)^2}{h} \cdot$$ $$\left[1 - 2\frac{z_0^*}{h} \cdot \ln\frac{z_u}{z_0} + \frac{(z_0^*)^2}{z_0 \cdot z_u}\right]$$ $$z_0^* = z_u + \frac{h \cdot r_0}{r_u - r_0}$$
	segment of a circle	$$S_{\max}(t) = \pi \cdot a \cdot \frac{K(t-\Delta t)}{V} \cdot \tan^2\beta \cdot$$ $$\left[2z_m \cdot \ln\frac{z_u}{z_0} - \frac{h(2z_m-h)}{z_0}\right.$$

表 6-11(续)

Geometrical shape of the cavern(scheme)	Shape cavern	Formula
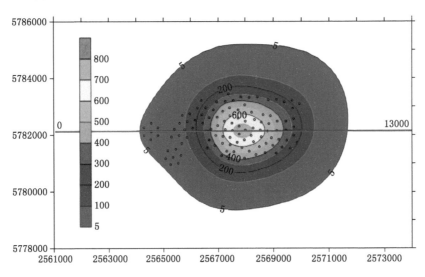	segment of a circle	$S_{\max}(t) = \pi \cdot a \cdot \dfrac{K(t-\Delta t)}{V} \cdot \tan^2\beta \cdot$ $\left[2z_{\mathrm{m}} \cdot \ln\dfrac{z_u}{z_0} - \dfrac{h(2z_{\mathrm{m}}+h)}{z_u} \right]$ $r = \dfrac{r_0^2 + h^2}{2h}, z_{\mathrm{m}} = z_0 + r$

6.3.3.2　计算实例

根据实际数据,包括总共 114 个盐穴几何形状与运行参数,计算的最大沉降值为 80 cm,实测值为 68 cm。计算系数的其他最大值为:

最大倾斜度:$T_{\max} = 0.52$ mm/m;

最大水平移动:$u_{\max} = 340$ mm/m;

最大压缩变形:$|\varepsilon^-|_{\max} = -0.42$ mm/m;

最大拉伸变形:$|\varepsilon^+|_{\max} = 0.30$ mm/m。

图 6-39 为盐穴地表沉降计算结果,下沉盆地主断面的移动变形如图 6-40 所示[36]。

图 6-39　盐穴地表下沉计算结果图

尽管对盐穴几何形状、收缩过程和开采阶段进行了必要的几何和物理理想化,但本节的计算方法是可行的。

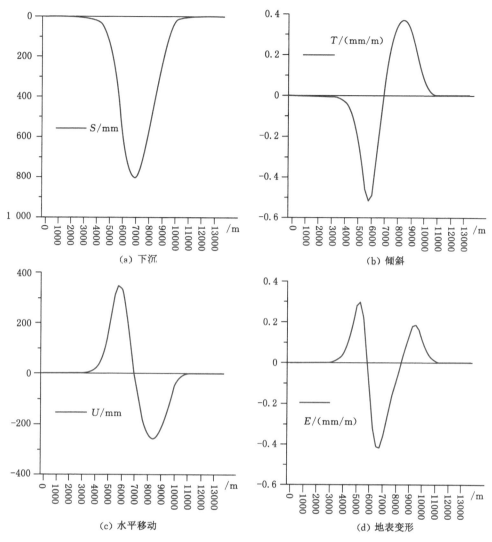

图 6-40　下沉盆地主断面移动变形曲线图

6.4　矿区地下水位变化引起的地表移动计算

6.4.1　矿井排水引起的地表下沉

　　德国鲁尔区近百年的煤炭开采导致地面大量下沉,例如 Dortmond 市下沉达 26 m,城市下沉导致地下水位相对上升,在城市低洼地区会形成积水区,为了保证城市的正常运营,在鲁尔区设置了大量的水泵,昼夜不停地抽取地下水,控制地下水位的升高,防止塌陷区积水。1880 年 Herne 到 Gelsenkirchen 之间地表下沉已经达到 5 m,地表河流无法自然流淌,加上地下水位的相对升高,导致地表大量积水,形成大面积的积水区(图 6-41)。

　　地表下沉破坏了矿区的生态环境和人们的居住环境,在 1860 年就发现生活在

图 6-41　1921 年 Essen 附近的积水塌陷区

Emscherbruch 潮湿塌陷区的人的各种疾病的发病率相对鲁尔区的其他地区高得多，特别是疟疾发病率极高。为了改善生存环境，重新开发利用塌陷土地，需要疏干塌陷区的积水。1899 年成立了 Emschergenossenschaft 公司，1926 年成立了 Lippeverband 公司，当时的主要任务就是疏干塌陷区积水。第一个水泵站建于 19 世纪末，如图 6-42 所示。

图 6-42　19 世纪末第一个水泵站

　　目前 Emschergenossenschaft 和 Lippeverband 公司是德国最大的水资源管理公司，在各公司管辖的区域内有大量的水泵，昼夜不停地抽取地下水，控制地下水位的升高，防止城市积水（图 6-43），目前公司排水泵站运营情况如图 6-44～图 6-46 所示。

　　地下水位下降引起地表下沉和变形，文献[13] 指出，当降深为 10 m 时，在砂质土中降落漏斗半径沿水平方向达 1 km；在地表形成的下沉盆地，在渗水点附近压缩变形可能达到 4 mm/m，拉伸变形可达到 0.6 mm/m，毫无疑问会对建筑物造成损害，因此有必要对其进行定量预计研究[36,37]。

　　设 h_0 为抽水前地下水位线，在 h_0 以下为饱和土体。在深度 Z 处有一单元 $dx \times dz$，如图 6-47 所示[21]。

　　单元总应力为 σ，孔隙水压为 σ_P，则在疏水前有：

　　总压力：

图 6-43　地下水位上升引起的地表积水

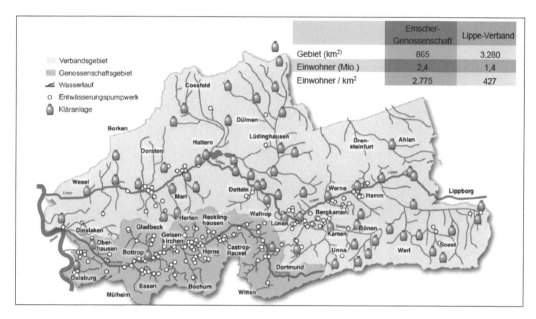

图 6-44　Emschergenossenschaft 和 Lippeverband 公司的泵站分布

$$\sigma = h_0\gamma_0 + (Z - h_0)\gamma_{\text{sat}} \tag{6-43}$$

式中，γ_0 为地下水位线以上土的容量；γ_{sat} 为地下水位线以下饱和土的容量。

孔隙水压力：

$$\sigma_P = (Z - h_0)\gamma_W \tag{6-44}$$

式中，γ_W 为孔隙水容量。

在深度 Z 以上完全疏水以后，孔隙压力转化为由土体颗粒承担，有效应力为：

$$\bar{\sigma} = \sigma - \sigma_P = h_0\gamma_0 + (Z - h_0)\gamma_{\text{sat}} - (Z - h_0)\gamma_W \tag{6-45}$$

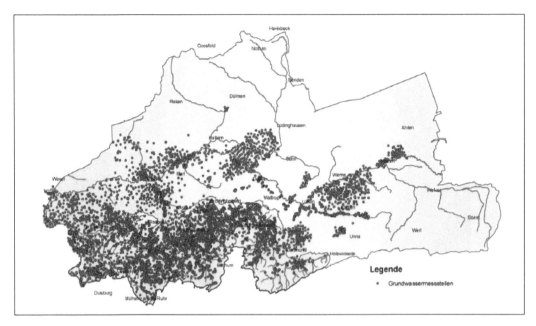

图 6-45　地下水位监测站分布

图 6-46　在建新泵站

有效应力增量为：

$$\Delta\sigma = (Z - h_0)\gamma_w \qquad (6\text{-}46)$$

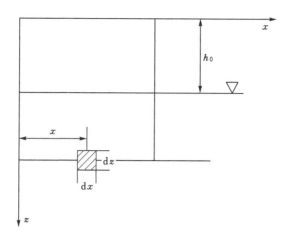

图 6-47　抽水引起的土体单元下沉源函数模型

土体承受竖向压增量 $\Delta\sigma$ 发生侧限压缩,其变形量为:

$$\mathrm{d}s = \frac{a\,\Delta\sigma}{1+e}\mathrm{d}z = \frac{a(Z-h_0)\gamma_w}{1+e}\mathrm{d}z \tag{6-47}$$

式中,a 为土的压缩系数;e 为土的孔隙比。

单元土体被压缩了 $\mathrm{d}s$,相当于开采了厚度为 $\mathrm{d}s$、宽度为 $\mathrm{d}z$ 的煤层,则在地表会形成微小的单元下沉盆地。可以把由抽水引起土体压缩的区域视作变厚开采,应用克诺特影响函数法,区域抽水引起的地表下沉为单元开采的叠加。

6.4.2　矿井停止排水引起的地表隆起

6.4.2.1　德国地表隆起

2018 年德国全面停止煤矿生产,导致地下水位急剧上升,诱发浅部老采空区突然塌陷,引发大面积地表隆起,矿井关闭后的开采延迟损害,因地下水位上升而诱发的开采损害研究,已经引起了高度重视[38-40]。

地表隆起预计原理示意图[41],如图 6-48 所示。基于克诺特影响函数法对 Königsborn(鲁尔的东部地区)的地表隆起进行了预测,2015 年的计算与测量结果如图 6-49 所示[36],说明地表隆起还是比较显著的。

6.4.2.2　荷兰废弃矿井地表隆起

在荷兰应用 InSAR 技术监测 Limberg 废弃煤矿区,从 1992 年到 2009 年由于地下水位回升引起的地面隆起,发现由于断层的隔断作用,两侧的地面隆起量有较大的差异[42]。荷兰南部的煤炭(图 6-50)开发了多个世纪,工业规模的开采始于 20 世纪初,并在 1950 年至 1975 年达到顶峰。70 年代荷兰大部分矿山关闭,地下长期开采导致了地面下沉,采矿区的下沉是由两种不同的原因引起的:首先是采矿直接引起的,其次是矿井排水引起的地表下沉。

废弃矿井停止抽水后,地下水流回到静水平衡状态,产生相反的效果——地表开始隆起。在最后一个矿井关闭 4 年后,1978 年偶然发现了地表隆起现象。

荷兰和德国煤炭开采地区的地下水位变化(图 6-51),在 1994 年初南部盆地矿井停止排

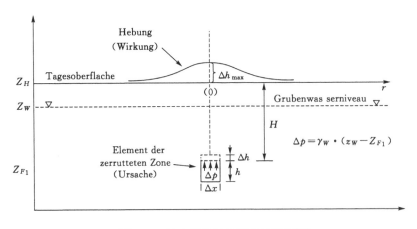

图 6-48　地表隆起预计原理示意图[41]

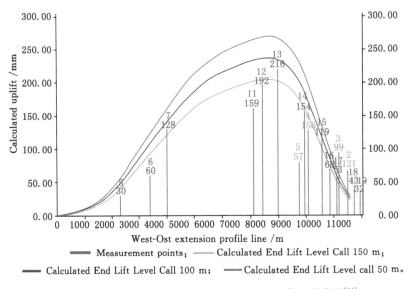

图 6-49　Königsborn 矿区隆起的计算值和实测值比较曲线[36]

水,地下水位从－215 m 上升到－138 m。应用 InSAR 监测区域移动(图 6-52),在 1992 年到 2009 年期间,大部分地表的隆起区域都在煤矿开采区域,在某些地方,位移也受到断层的限制,在断层两侧的地表隆起量具有显著差异,在 Geleen 地表隆起＋135 mm,相当于8 mm/a(图 6-53)。

在这个区域之外,比利时煤田在 20 世纪 90 年代初就停止排水了,地表隆起监测值约为220 mm;德国亚琛煤田在 1992 年就已经关闭了,地表隆起监测值为 75 mm。整个荷兰煤田(从 Geleen 到 Beerenbosch II)的年度累积位移剖面曲线图如图 6-54 所示。

卫星雷达干涉法观测的地表位移清楚地表明,大部分废弃的煤田,如荷兰南部、德国和比利时在 1992～2009 年的地表隆起情况。18 年内位移高达＋220 mm,在荷兰西部矿区发现最大达到＋125 mm。在空间上,地表隆起一般都在废弃采矿区域内,且以断层为界。三

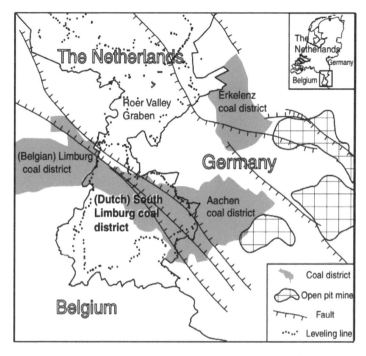

图 6-50 荷兰南部与德国及比利时煤炭分布[42]

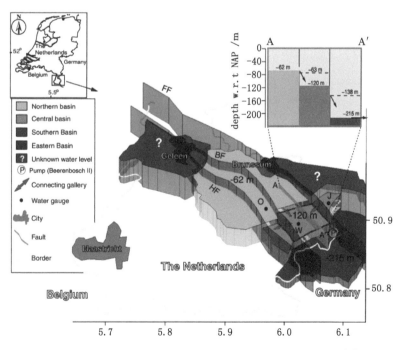

图 6-51 1994 年测量的荷兰和德国煤炭开采地区的地下水位[42]

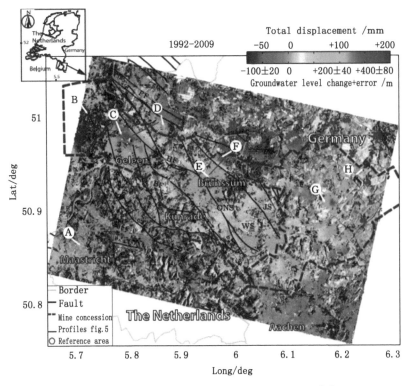

图 6-52　1992～2009 年地表累计垂直位移[42]

个废弃矿井的地表位移与矿井水位显示出较强的相关性，估计地下水位上升 10 m，导致地表隆起 0.5 cm。在 Geleen 地区地下水无法直接测量，初步估计地下水位从 1992 年到 2009 年上升了 250±50 m，而且地下水位目前仍在上升。地表隆起可能会对建筑和基础设施造成附加应力，对地表建筑物产生损害风险。

6.5　石油与天然气开采引起的下沉预测

6.5.1　石油开采引起的地表下沉概况与监测案例

石油开采导致地表下沉是一个普遍现象[43-45]，对生产设备与环境具有一定的损害影响。1932 年至 1965 年间，加利福尼亚长滩威尔明顿油田的开采造成了约 8.8 m 的地面下沉；到 2000 年底，Ekofisk 的下沉量达到 6.6 m，并且持续下沉；荷兰格罗宁根气田投产以来，储层一直在压实，尽管格罗宁根气田的地面下沉值并不显著，但由于荷兰大片地区低于海平面，并受到堤坝的保护，这种小的下沉可能会导致灾难；中国大庆油田、辽河油田地面下沉显著[46]，已经引发地质灾害与生态环境损害。相对煤矿固体矿层开采，石油开采引起地表下沉的原因更加复杂，地表下沉取决于储层压实，而储层压实与三个主要因素有关[47]：① 有效压力增加；② 储层厚度；③ 储层的压缩性。另外，石油开采引起的地表下沉范围较大，常规的监测方法如精密水准测量、差分 GPS 等，只能够进行离散单点监测，无法实现连续大面

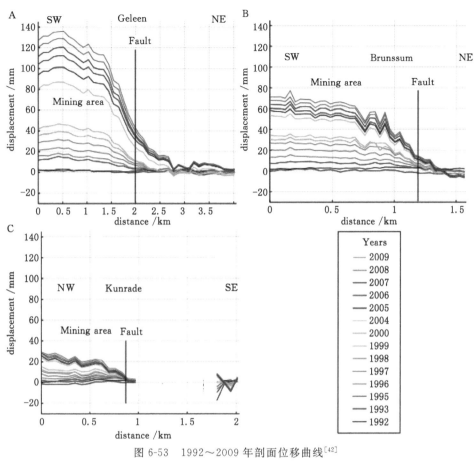

图 6-53　1992～2009 年剖面位移曲线[42]

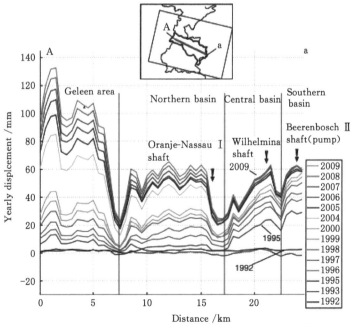

图 6-54　整个荷兰煤田的年度累积位移剖面曲线图[42]

积监测,因此关于石油开采引起的地表下沉规律研究尚不充分。

目前,应用卫星 InSAR 数据从空中监测储层变化(Satellite InSAR Data Reservoir Monitoring from Space)是十分有效的[48-50]。研究区域位于中国辽河三角洲含油面积约 200 km²,该区域是一个以重油开发为主的复杂断块油田,采用 SAGD(Steam Assisted Gravity Drainage)开采技术。采用覆盖研究区域的 2016 年 3 月至 2019 年 11 月的 33 景 Sentinel-1A 数据进行下沉监测(表 6-12)。

表 6-12 Sentinel-1A 数据参数表

序号	时间	入射角	垂直基线/m	序号	时间	入射角	垂直基线/m
1	2016-03-18	40.06°	−53.065 3	18	2018-08-16	40.06°	−60.360 6
2	2016-04-11	40.06°	−49.310 6	19	2018-09-09	40.06°	16.013 0
3	2016-05-16	40.06°	−96.689 9	20	2018-10-03	40.06°	−42.135 6
4	2016-06-10	40.06°	−6.486 5	21	2018-11-08	40.06°	101.356 0
5	2016-06-16	40.06°	−59.601 0	22	2018-12-02	40.06°	14.004 6
6	2016-08-09	40.06°	19.866 4	23	2019-01-06	40.06°	61.440 6
7	2016-09-14	40.06°	−96.446 0	24	2019-02-12	40.06°	−22.222 2
8	2016-10-08	40.06°	−12.616 0	25	2019-03-20	40.06°	13.290 0
9	2016-11-13	40.06°	13.650 5	26	2019-04-13	40.06°	−45.595 6
10	2016-12-19	40.06°	84.249 1	27	2019-05-06	40.06°	45.296 2
11	2018-01-12	40.06°	28.395 8	28	2019-06-12	40.06°	49.463 4
12	2018-02-16	40.06°	2.866 5	29	2019-06-18	40.06°	−2.891 2
13	2018-03-13	40.06°	14.414 9	30	2019-08-23	40.06°	−130.849 0
14	2018-04-18	40.06°	16.940 4	31	2019-09-28	40.06°	−21.211 2
15	2018-05-12	40.06°	−62.334 3	32	2019-10-22	40.06°	−24.366 4
16	2018-06-16	40.06°	0	33	2019-11-15	40.06°	−36.642 0
17	2018-06-11	40.06°	50.198 1				

以 2018 年 6 月 16 日获取的影像为主影像,其他 32 景影像为辅影像,运用 PS−InSAR 技术对获取的影像进行处理[65]。在 2016 年 3 月至 2019 年 11 月期间,在研究区域内发现一个近似东西方向与南北方向的下沉盆地,在下沉盆地内提取到 16 696 个 PS 点(图 6-55),地表最大下沉速度为 211 mm/a,最大下沉量达 534 mm,地表下沉盆地下沉等值线与下沉速度分布如图 6-56、图 6-57 所示。监测数据表明,重油开采地表下沉显著。地下储层的油气开发干扰了岩层的原始应力平衡状态,导致地表下沉,地表移动变形可能会影响地面基础设施,如海上石油钻井平台、管道和建筑物。为了提高预防措施的效率,必须精确预测下沉。

把地表下沉视作储层压实在地表传播的结果,利用地表下沉监测值反演储层等效参数,建立储层压实引起的地表移动变形计算模型,为评估开采对油井、建筑物及环境损害风险提供基础。关于石油开采引起的地表下沉计算有多种方法,如基于力学的解析法与半解析法[51,52]、影响函数法[36,46,53,54,55]、数值模拟法[46]等。但是,因为许多方法计算复杂、模型参

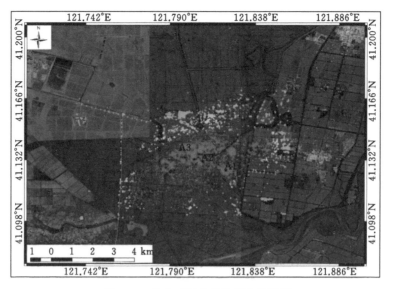

图 6-55　地表下沉盆地特征点位置图

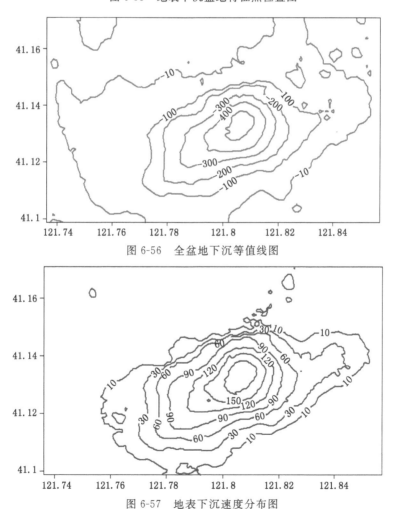

图 6-56　全盆地下沉等值线图

图 6-57　地表下沉速度分布图

数不容易获取等原因,在实际工作中无法得到应用,因此有必要采用简单易行的计算方法。其中,影响函数法与随机介质理论是两种比较简便的计算方法,并且这两种计算方法的核心数学模型是一样的。把开采引起的岩层移动视作随机过程,地表下沉是地下开采空间(储层压实)传播的结果,该方法比较形象地解释了开采引起的地表下沉传播过程,虽然该方法无法解释地表下沉的机理,但是该方法原理简单,计算参数较少且方便获得,在岩土工程与采矿中得到了应用,因此本节将概况介绍影响函数法在石油开采地表下沉计算中的应用。

6.5.2　石油开采地表下沉计算

大多数研究者认为石油与天然气开采引起的地表下沉的机理,是抽汲液体和气体导致油气层中地下压力的减小,造成油气层的压密。当压密的数值达到一定量时,会在地表造成下沉盆地,从而使位于盆地内的建筑物、结构物、道路等设施受到移动和变形的影响,甚至遭到破坏。地面下沉的原因是孔隙压力降低导致孔隙储层的压实,对于储层单元,储层压实导致形成单元下沉(图 6-58),如下式所述[36,55]:

$$S_{j,i}(r,t) = \frac{\Delta M_i(t) \cdot L^2}{R_{j,i}^2} \exp\left(-\pi \frac{r_{j,i}^2}{R_{j,i}^2}\right) \tag{6-48}$$

式中,$\Delta M_i(t)$ 为在 t 时刻 i 元素的绝对垂直压缩;$S_{j,i}(r,t)$ 为 i 单元压实引起地表 j 点沉降;$r_{j,i}$ 为计算点 j 与矿床 i 单元之间的距离。

地表任意一点的总沉降是根据线性叠加假设来计算的,线性叠加是指储层各单元的点下沉之和:

$$w_{j,i} = \sum_{i=1}^{N} w_{j,i} \tag{6-49}$$

式中,N 为储层单元的数量。

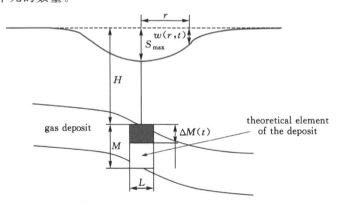

图 6-58　储层单元开采上方的地表下沉[36]

对于孔隙率高达 20% 的砂岩等储层,利用 Biot 固结理论可以估算储层的压实厚度:

$$\Delta M_i(t) = C_{mi}[p_0 - p_i(t)]M_i \tag{6-50}$$

$$C_{mi} = \frac{\lambda_i(\eta)}{E_{si}} \tag{6-51}$$

式中,C_{mi} 为储层单元的压实率,即变化单位压力时储层的垂直变形;p_0 为初始压力;$p_i(t)$ 为 t 时刻储层单元的压力;M_i 为储层的厚度;E_{si} 为储层的弹性模量;$\lambda_i(\eta)$ 为 Biot 指数。

图 6-59 显示了格罗宁根油田天然气开采引起的下沉计算值和实测值的比较。

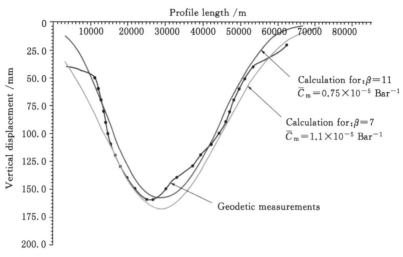

图 6-59　格罗宁根油田开采下沉实测值与理论计算值对比曲线[36]

6.6　开采引起的建筑物损害赔偿

地下开采后,地表发生移动和变形,破坏了建筑物与地基之间的初始应力平衡状态;伴随着力系平衡的重新建立,使建筑物内产生附加应力,从而导致建筑物发生变形,变形较大时会使建筑物产生破坏。建筑物损坏的主要表现形式是倾斜和裂缝,与自然因素引起的建筑物损坏形式不同,开采沉陷引起的建筑物损坏有其规律性,不同的变形引起的建筑物损坏和裂缝形式不同,位于开采沉陷区位置不同的建筑物受到的影响也不同。许多国家煤炭企业要对因地下采煤引起的建筑物损害进行赔偿,其中地表移动变形分布规律与数值是评价开采损害强度的重要依据,本节概况介绍地表移动理论在开采建筑物损害赔偿中的应用。

6.6.1　地表移动变形对建筑物的影响

地下开采引起的地表下沉、倾斜、曲率、水平移动和水平变形对建筑物的影响如下。

（1）地表下沉对建筑物的影响

当建筑物所处的地表出现均匀下沉时,建筑物内不会产生附加应力,因而对其自身也就不会带来损害。

（2）地表倾斜对建筑物的影响

不均匀下沉使地表倾斜,地表倾斜将引起建筑物的歪斜。均匀倾斜不会使建筑物产生裂缝,对于普通建筑物,较小的均匀倾斜对其影响不大。

（3）地表曲率变形对建筑物的影响

不均匀倾斜使地表产生曲率变形,地表曲率变形表示地表倾斜的变化程度。由于出现了曲率变形,地表将由原来的平面而变成曲面形状,建筑物的荷载与地基反力间的初始平衡状态受到破坏。在正负曲率作用下,房屋全部切入地基或部分切入地基,如图 6-60 所示。

图(a)为地表正曲率变形,房屋基础全部嵌入地基土壤内;图(b)为地表正曲率变形,房屋基础中部嵌入地基土壤内,两端卸载;图(c)为地表负曲率变形,房屋基础全部嵌入地基土壤内;图(d)为地表负曲率变形,房屋基础两端嵌入地基土壤内,中部卸载。在正曲率作用下,房屋中央所产生的应力大于原有的应力,易在建筑物的顶部出现裂缝并向下发展,裂缝呈倒八字形;在负曲率作用下,房屋两端地表应力增大,易在底部形成裂缝并向上发展,裂缝呈正八字形。

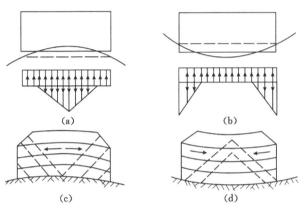

图 6-60　房屋在地表曲率作用下应力变化示意图

（4）地表水平移动对建筑物的影响

均匀的水平移动对普通建筑物没有影响,水平移动通常不作为衡量建筑物损坏的指标。

（5）地表水平变形对建筑物的影响

不均匀的水平移动使地表产生拉伸或压缩变形,地表水平变形对建筑物的破坏作用很大,尤其是拉伸变形的影响。由于建筑物抵抗拉伸变形的能力远小于抵抗压缩变形的能力,所以较小的地表拉伸变形就能使建筑物产生开裂缝（图 6-61）。一般在门窗洞口的薄弱部位最易产生裂缝,砖砌体的结合缝、建筑物结点（如房梁）易被拉开。从我国建筑物下采煤的经验来看,当地表水平拉伸变形大于 $0.5\sim1$ mm/m 时,在一般砖石承重的建筑物墙体上就会出现细小的竖向裂缝。压缩变形也会导致建筑物损坏,当压缩变形较大时,可使建筑物墙壁、地基压碎,地板鼓起,产生剪切和挤压裂缝,可使门窗洞口挤成菱形,砖砌体墙产生水平裂缝,纵墙或围墙产生褶曲或屋顶鼓起（图 6-62）。

综上所述,在地表下沉、倾斜、曲率、水平移动和水平变形两种移动三种变形中,对建筑物影响最大的是倾斜、曲率与水平变形。

6.6.2　建筑物开采损害鉴定方法

开采损害技术鉴定的主要内容是确定煤矿的开采影响边界和影响程度（建筑物损害等级的确定）,依据《建筑物、水体、铁路以及主要井巷煤柱留设与压煤开采规范》进行认定,开采损害鉴定工作较为复杂,其基本方法如下[56-59]。

（1）根据移动角确定开采影响边界

我国煤矿在留设建筑物保护煤柱时,都采用移动角进行留设。事实上,许多煤矿按移动

图 6-61　拉伸变形对建筑物的影响

图 6-62　压缩变形对建筑物的影响

角留设保护煤柱后,仍有部分建筑物产生损害,导致煤矿与建筑物业主双方产生纠纷。移动角是指在充分采动或接近充分采动的情况下,地表移动盆地主断面上三个临界变形值中最外边的一个临界变形值点至采空区边界的连线与水平线在煤柱一侧的夹角。移动角对应的地表临界变形值为倾斜 3 mm/m、曲率 0.2 mm/m² 、水平变形 2 mm/m,在移动角确定的范围之外地表仍存在一定的变形,会导致普通房屋产生轻微损坏,我国许多民房建筑质量较差,可能产生Ⅰ级破坏。因此,在进行开采损害技术鉴定时,不能采用移动角确定煤矿的开采影响边界。

　　(2)根据边界角确定开采影响边界

　　边界角是指在充分采动或接近充分采动的条件下,地表移动盆地主断面上盆地边界点(地表下沉 10 mm)至采空区边界连线与水平线在煤柱一侧的夹角。如果采用边界角进行鉴定,即以下沉 10 mm 作为开采影响的最外边界,则在该线以内的建筑物损坏均与煤矿井下开采相关,这样圈定的影响范围将非常大,煤矿不愿意接受。在德国《岩层与地表移动标准》(DIN21917)中,以地表下沉 100 mm 划分建筑物开采损害赔偿边界[13]。

(3) 根据房屋裂缝角确定开采影响边界

房屋裂缝角即在充分或接近充分采动条件下,地表移动盆地主断面上最接近工作面且基本不产生裂缝的房屋与工作面相应边界的连线与水平线在煤柱一侧的夹角,房屋裂缝角介于移动角和边界角之间。根据某矿区建筑物观测站实测资料,当地面平均水平拉伸变形和曲率变形分别为 0.7 mm/m 和 0.08 mm/m² 时,民房将产生可见的微小裂缝,由此认为本矿区普通民房产生微小裂缝的最小水平拉伸变形值和曲率分别为 $\varepsilon = 0.7$ mm/m,$k = 0.08$ mm/m²,获得本矿区普通民房的综合房屋裂缝角为 60.83°。

(4) 根据房屋裂缝特征判别

有许多自然因素都会引起房屋产生裂缝,但开采引起的房屋裂缝与自然因素引起的房屋裂缝是不同的,具有其特殊性和规律性。开采会引起地表产生下沉、倾斜、曲率、水平移动和水平变形,建筑物的损害主要是由曲率和水平变形引起的。当开采面位于建筑物下方时,地表房屋位于下沉盆地内边缘区,受负曲率和压缩水平变形作用。负曲率会使房屋产生正八字裂缝,压缩变形会使建筑物墙壁、地基压碎、地板鼓起、产生剪切和挤压裂缝、门窗洞口挤成菱形、砖砌体墙产生水平裂缝、纵墙或围墙产生褶曲或屋顶鼓起等。当开采面位于建筑物外围时,地表房屋位于下沉盆地外边缘区,受正曲率和拉伸水平变形作用,正曲率会使房屋产生倒八字裂缝,拉伸变形会使建筑物产生开裂性裂缝。此外,根据房屋裂缝出现的位置和大小等分布特征,还可以判定出有影响的开采方向。

(5) 根据地表裂缝特征判别

当开采强度达到一定程度时,会在地表产生裂缝。通常情况下,开采引起的地表裂缝平行于工作面边界。可以根据地表裂缝的大小及走向判别煤矿的开采对地面建筑物是否有影响。通常情况下,开采直接引起的地表裂缝宽度不大,如果地表出现较大的、延伸性的裂缝,通常是断层采动活化引起的,而断层活化也是开采引起的,可以认定为开采责任。

(6) 根据裂缝时间判别

裂缝时间也是开采损害技术鉴定的一个重要因素,如果房屋裂缝时间在开采之前就已经出现,显然与开采无关。在进行房屋裂缝时间调查时,裂缝出现时间很难把握,对于出现数月以上的裂缝与出现多年的裂缝,肉眼往往难以区分,但一些砖墙刚出现的新缝是可以鉴别出的。对于裂缝时间,往往作为鉴定的辅助判定方法。开采引起地表移动延续时间可按下式计算[60]:

$$
\begin{cases}
T = 2.5H & H \leqslant 400\ \text{m} \\
T = 1\,000\exp\left(1 - \dfrac{400}{H}\right) & H > 400\ \text{m}
\end{cases}
\tag{6-52}
$$

式中,T 为地表移动延续时间,d;H 为开采深度,m。

对于开采稳沉以后出现的房屋裂缝,可以鉴定为与开采无关。

(7) 通过测量房屋倾斜情况判别

通常情况下,房屋在建房时,其基础往往是水平的,如果受开采影响,房屋会向采空区中心倾斜。在鉴定时,可以通过对房屋水平状态的测量,确定出房屋的倾斜方向及倾斜矢量,如果一个区域的房屋都向一个方向倾斜,则可以判别出开采方向及房屋是否受开采影响。

(8) 通过测量地表沉陷趋势判别

在进行开采损害技术鉴定时,可以对鉴定时的地形进行测量,获得鉴定时的地形图,通过与以前地形图比较,则可以获得以前地形图测量时间以后的鉴定区地表沉陷等值线图,由于地形图测量获得的下沉值误差较大,故通常称为地表沉陷趋势图。由实测地表沉陷趋势图可以得出鉴定区地表沉陷情况,从而鉴定出开采位置及其对地表建筑物的影响情况。

在进行开采损害鉴定时,以开采沉陷理论为指导,搞清楚地下开采活动与地面建(构)筑物破坏的时空关系,分清采矿因素与非采矿因素对建筑物的影响,必要时为了搞清真实情况需做实地勘测、钻探、物探和测量工作,这样才能获得真实的鉴定结论。

6.6.3　房屋破坏等级划分与相关法规

(1)农村危险房屋鉴定技术导则标准

农村建筑系指农村与乡镇中层数为一二层的一般民用房屋,根据《农村住房安全性鉴定技术导则》,房屋危险性等级可分为 A、B、C、D 四个等级:

A 级:结构能满足安全使用要求,承重构件未发现危险点,房屋结构安全。

B 级:结构基本满足安全使用要求,个别承重构件处于危险状态,但不影响主体结构安全。

C 级:部分承重结构不能满足安全使用要求,局部出现险情,构成局部危房。

D 级:承重结构已不能满足安全使用要求,房屋整体出现险情,构成整幢危房。

(2)煤炭矿山开采建筑物损害标准

建筑物受开采影响的损坏程度取决于地表变形值的大小和建筑物本身抵抗变形的能力。根据《建筑物、水体、铁路及主要井巷煤柱留设与压煤开采规范》的规定,评价民房的损坏等级。表 6-13 为长度或变形缝区段小于 20 m 的砖混结构房屋按不同的地表变形值划分的损坏等级标准。

表 6-13　砖混结构建筑物的损坏等级划分[60]

损坏等级	建筑物可能达到的破坏程度	地表变形值			损坏分类	结构处理
		水平变形/(mm/m)	曲率/10^{-3} m	倾斜/(mm/m)		
I	自然间砖墙壁上出现宽度 1~2 mm 的裂缝	≤2.0	≤0.2	≤3.0	极轻微损坏	不修
	自然间砖墙壁上出现宽度小于 4 mm 的裂缝,多条裂缝总宽度小于 10 mm				轻微损坏	简单维修
II	自然间砖墙壁上出现宽度 小 于 15 mm 的裂缝,多条裂缝总宽度小于 30 mm;钢筋混凝土梁、柱上裂缝长度小于 1/3 截面高度;梁端抽出小于 20 mm;砖柱上出现水平裂缝;缝长大于 1/2 截面边长;门窗略有歪斜	≤4.0	≤0.4	≤6.0	轻度损坏	小修

表 6-13(续)

损坏等级	建筑物可能达到的破坏程度	地表变形值			损坏分类	结构处理
		水平变形/(mm/m)	曲率/10^{-3} m	倾斜/(mm/m)		
Ⅲ	自然间砖墙壁上出现宽度小于 30 mm 的裂缝,多条裂缝总宽度小于 50 mm;钢筋混凝土梁、柱上裂缝长度小于 1/2 截面高度;梁端抽出小于 50 mm;砖柱上出现小于 5 mm 的水平错动;门窗严重变形	≤6.0	≤0.6	≤10.0	中度损坏	中修
Ⅳ	自然间砖墙壁上出现宽度大于 30 mm 的裂缝,多条裂缝总宽度大于 50 mm;梁端抽出小于 60 mm;砖柱上出现小于 25 mm 的水平错动	>6.0	>0.6	>10.0	严重损坏	大修

通过上述比较分析可以看出,《农村住房安全性鉴定技术导则》中的房屋破坏四个等级与《建筑物、水体、铁路及主要井巷煤柱留设与压煤开采规范》的四个等级基本相对应,可以相互参照执行。

6.6.4 建筑物损害赔偿相关法律与赔偿

中国目前还没有专门针对开采损害赔偿的法律,2007 年 3 月 16 日颁布的《中华人民共和国物权法》(2020 年 12 月 31 日废止)和 2021 年 1 月 1 日起实施的《中华人民共和国民法典》,都体现了对公权和私权的平等保护。其中在《物权法》中,有关房屋产权做了如下规定:

第四条 国家、集体、私人的物权和其他权利人的物权受法律保护,任何单位和个人不得侵犯。

第三十二条 物权受到侵害的,权利人可以通过和解、调解、仲裁、诉讼等途径解决。

第三十六条 造成不动产或者动产毁损的,权利人可以请求修理、重作、更换或者恢复原状。

第三十七条 侵害物权,造成权利人损害的,权利人可以请求损害赔偿,也可以请求承担其他民事责任。

在《物权法》颁布之后,采矿权和房屋产权都明确地做出规定,为此方面纠纷的解决提供了依据。我国矿产资源归属国有,采矿权作为一种用益物权为采矿企业单位所享有。房屋是公民不可侵犯的财产,根据《物权法》对私权的保护,采矿权与私有房屋产权是存在一定冲突的。

根据《建筑物、水体、铁路及主要井巷煤柱留设与压煤开采规范》,建筑物赔偿费计算公式为:

$$A = \sum_{i=1}^{n} B(1-C)D_i E_i \tag{6-53}$$

式中,A 为建筑物的赔偿费,元;B 为计算基数,系指与当地有关部门协商确定的建筑物赔偿单价,元/m²;C 为建筑物折旧率,按表 6-14 确定;D_i 为建筑物损坏自然间的补偿比例;E_i 为受损坏自然间的建筑面积,m²;n 为建筑物受损坏自然间个数。

表 6-14　砖混结构建筑物折旧率

建筑物年限/年	<5	5~10	11~15	16~20	21~40	>40
折旧率/%	0	5~15	16~25	26~35	36~65	>65

6.6.5　德国建筑物开采损害赔偿

关于开采损害赔偿,德国在 1865 年的《总矿业法》中就有明确规定[13,61]。1982 年 1 月 1 日生效的《联邦矿业法》为矿产资源保护、矿山企业的合法经营及对开采损害赔偿提供了法律依据[62,63]。该法律的第 3 章是专门关于开采损害问题的,区分了建筑物开采损害与非开采损害。当损害的建筑物具备下列三个条件才属于开采损害:① 位于地下开采影响范围内;② 建筑物受到地表下沉、水平拉伸或压缩变形以及地表裂缝的影响;③ 建筑物的损害符合开采损害特征。德国的"受到采动损害的土地和房产主联合会"有专门的测绘公司及律师事务所,为采动损害赔偿提供技术和法律服务。企业为了获得公众舆论的理解与支持,设立了专门的网站(www.bergbau-im-Dialog.de),开设了咨询服务热线,向公众介绍开采损害的专业法律知识、有关矿井的开采计划和地表下沉预计结果、网上开采损害登记服务等。

6.6.5.1　开采损害赔偿的一般程序

关于开采损害赔偿的一般程序如下:

① 地方矿山管理局向开采影响区域的公众发布地下开采计划,以及开采对地表的影响预计。

② 如果发生开采损害,可以通过信函、电话和电子邮件进行损害登记,开采损害赔偿的有效期为 3 a,所以一经发现建筑物损害,要及时登记。在登记时要求提供产权证书;损害登记表包括姓名、详细地址、联系电话、电子邮件地址、损害情况描述、特殊说明等内容。例如 2003 年 DSK 公司共收到 49 830 起开采损害登记,其中 27 097 起是在开采期间,22 733 起是在停采后,为此服务中心的 255 名工作人员发出了约 150 000 封信函,完成了约 100 000 次约见。

③ 企业派专业人员核实损害情况,对房屋进行倾斜变形测量(变形测量可以委托专业公司完成),为确定赔偿比例提供依据。

④ 企业代表和房产主协商房屋损害的处理方案,可以选择维修或者给予赔偿金。

⑤ 如果协商不成,房产主可以求助"受到采动损害的土地和房产主联合会"和法律。

6.6.5.2　三射线法测量房屋倾斜

以房屋的倾斜作为确定房屋价格降低的依据,取房屋在三个方向上的倾斜值的平均值来评价该房屋的倾斜。具体数据如表 6-15 所列,计算图形如图 6-63 所示。

表 6-15　三射线法测量房屋倾斜值计算表

点号	高程/mm	线段名称	长度/m	倾斜值/(mm/m)
A	0	A—B	10.00	2.3
B	−23	A—C	20.60	4.2
C	−87	A—D	18.00	3.6
D	−64			3.4（平均值）

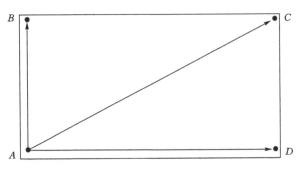

图 6-63　三射线法测量房屋倾斜

这种方法没有考虑房屋的原始倾斜，根据 DIN18202 允许建筑误差，如表 6-16 所列。

表 6-16　DIN18202 允许建筑误差

相邻墙体距离/m	允许高差/mm
≤1	6
1～3	8
3～6	12
6～15	16
15～30	20
≥30	30

以一个 12 m×7 m 建筑物（图 6-63），在建筑允许误差范围内，建筑原始倾斜达到 1.1 mm/m，具体计算如表 6-17 所列。

表 6-17　建筑原始倾斜计算

点号	高程/mm	线段名称	长度/m	倾斜值/(mm/m)
A	0	A—B	7.00	2.0
B	−14	A—C	13.90	1.2
C	−16	A—D	12.00	0.2
D	−2			1.1（平均值）

6.6.5.3　赔偿比例系数

最早提出房屋倾斜与价格降低关系公式的是 Leyendecker 和 Vennhofen,在 1962 年签订了鲁尔矿区矿山企业与受到采动损害的土地和房产主联合会间的协议(VBHG/RAG),2001 年又签订了补充协议。当倾斜值小于 15 mm/m 时,认为倾斜每增加 2 mm/m,价格降低 1％,当倾斜值在 16～25 mm/m 时,认为倾斜每增加 2 mm/m,价格降低 3.5％。具体赔偿比例系数如表 6-18 所列。

表 6-18　赔偿比例系数[64]

倾斜值 /(mm/m)	VBHG/RAG /％	Vennhofen /％	Leyendecker/％	
			没有结构松弛	有结构松弛
2.0	1.00	1.00	0.80	—
3.0	1.50	1.50	1.20	1.30
4.0	2.00	2.00	1.60	1.90
5.0	2.50	2.50	2.00	2.50
6.0	3.00	3.00	2.50	3.20
7.0	3.50	3.50	3.00	3.90
8.0	4.00	4.00	3.50	4.60
9.0	4.50	4.50	4.00	5.30
10.0	5.00	5.00	4.50	6.00
11.0	5.50	5.50	5.10	6.80
12.0	6.00	6.00	5.70	7.60
13.0	6.50	6.50	6.30	8.40
14.0	7.00	7.00	6.90	9.20
15.0	7.50	7.50	7.50	10.00
16.0	9.25	8.00	8.30	11.00
17.0	11.00	8.50	9.10	12.00
18.0	12.75	9.00	9.90	13.00
19.0	14.50	9.50	10.70	14.00
20.0	16.25	10.00	11.50	15.00
21.0	18.00	10.50	12.50	16.30
22.0	19.75	11.00	13.50	17.60
23.0	21.50	11.50	14.50	18.90
24.0	23.25	12.00	15.50	20.20
25.0	25.00	12.50	16.50	21.50
26.0	27.75	13.00	17.80	23.20
27.0	30.50	13.50	19.10	24.90
28.0	33.25	14.00	20.40	26.60
29.0	36.00	14.50	21.70	28.30
30.0	38.75	15.00	23.00	30.00
31.0	41.50	15.50	24.70	32.00
32.0	44.25	16.00	26.40	34.00
33.0	47.00	16.50	28.10	36.00
34.0	49.75	17.00	29.80	38.00
35.0	52.50	17.50	31.50	40.00

2000～2009 年德国开采损害赔偿费用如图 6-64 所示,在 2009 年达 230 百万欧元(其中 131 百万欧元是修复建筑物损坏的费用)。开采损害赔偿费使吨煤成本增加 12 欧元,建筑物维修费用使吨煤成本增加 6.80 欧元。

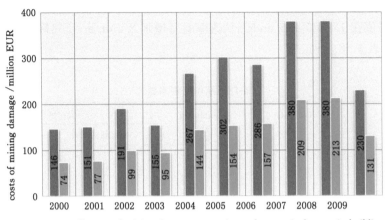

图 6-64　德国采矿损害赔偿费用支出

6.6.6　波兰矿山开采损害赔偿

波兰煤炭资源丰富,煤储量居世界第五位,是欧洲最大的煤炭生产国和第二大煤炭消费国,也是世界第九大煤炭生产国。许多煤炭资源被建筑物压覆,地下煤炭开采导致地表建筑物损害,2011 年 6 月 9 日波兰适用的《地质和采矿法》规定,采矿企业有义务识别与采矿作业相关的危害,并采取措施防止和消除这些威胁。本节详细介绍了波兰 2000～2010 年的开采损害赔偿情况。

2000～2010 年,在煤炭开采行业,修复采矿损害的成本超过 28 亿兹罗提。基于 Kulczycki 的研究[65-67],图 6-65 显示了 2000～2009 年建筑物维修费用,图 6-66 显示了 2000～2009 年修复对象的数量。

2009 年,煤矿的最大支出用于住宅楼的翻修,即 8 910 万兹罗提(超过 2009 年所有成本的四分之一),2008 年这一数额为 7 840 万兹罗提(超过所有成本的 27%)。其次是作为住宅建筑补偿的费用,2008 年为 2 390 万兹罗提,2009 年为 3 220 万兹罗提。2008 年,新建建筑物的预防性保护消耗了 1 770 万兹罗提,而 2009 年为 2 600 万兹罗提。具体数据见表 6-19、表 6-20 所列。

2008 年补偿建筑物为 754 个,其中住宅 186 个,2009 年补偿建筑物 721 个,其中住宅 158 个(图 6-67),此外还要对供水网络维修,河流和河道管理,以及公共设施的维修等。

上述分析表明,采动损害引发了一系列环境与社会问题,且环境修复与损害赔偿的费用巨额,对煤炭企业是一个沉重的负担,即使矿井关闭后,仍有延迟的开采损害问题,开采损害不会因为矿井关闭而终止。因此,要考虑后煤炭工业时代的开采损害防护与修复技术以及赔偿等是十分必要的。

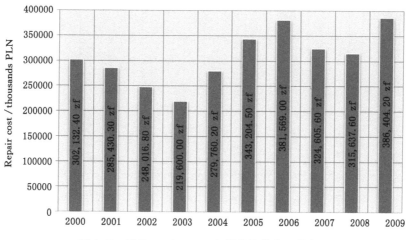

图 6-65　波兰 2000～2009 年设施维修费用分布图

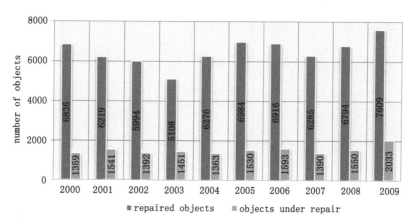

图 6-66　波兰 2000～2009 年修复对象的数量

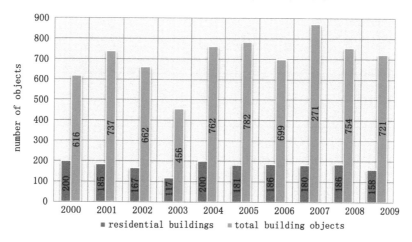

图 6-67　补偿对象的数量

表6-19 2008年赔偿费用财务报表（Source: Kulczycki, Piątkowski 2009: Naprawa szkód powodowanych ruchem zakładów górniczych）

Types of facilities and costs	MINES						TOTAL			
	hard coal			metal ores						
	number of objects		expenditures	number of objects		expenditures	number of objects		expenditures	% share in general expenditure
	*	* *	PLN thousand	*	* *	PLN thousand	*	* *	PLN thousand	
1	2	3	4	5	6	7	8	9	10	11
Residential buildings	3 358	1 098	78 408.7	134		1 379.5	3 492	1 098	79 788.2	40.2
Farm buildings	615	153	6 422.7	19		204.0	634	153	6 626.7	3.3
Industrial buildings	35	8	1 995.1				35	8	1 995.1	1.0
Public buildings	145	33	12 789.8	13		531.5	158	33	13 321.3	6.7
Objects and devices, rail. PKP	47	9	17 310.1				47	9	17 310.1	8.7
Water supply network	75	14	4 740.6	17		1 797.7	92	14	6 538.3	3.3
Sewer network	38	10	7 301.2	3		115.0	41	10	7 416.2	3.7
Gas network	33	5	3 341.7	6		30.0	39	5	3 371.7	1.7
Roads, streets, bridges, viaducts	129	11	19 636.7	1		6.3	130	11	19 643.0	9.9
Other objects	1 184	107	15 285.5			30.5	1 184	107	15 316.0	7.7
Substitute non-residential construction			300.0						300.0	0.2
Replacement housing construction	1		2 631.5				1		2 631.5	1.3
Preventive protection (total)		783	20 934.1		354	3 426.3		1 137	24 360.4	12.3
including:										
a) housing development		736	17 728.5		342	3 113.1		1 078	20 841.6	10.5
b) social infrastructure		34	1 945.7		12	313.2		46	2 258.9	1.1
c) technical infrastructure		13	1 259.9					13	1 259.9	0.6
Sum:	5 660	1 448	191 097.7	193	0	7 520.8	5 853	1 448	198 618.5	100.0

表 6-20　2009 年索赔赔偿费用财务报表 (Source: Kulczycki, Piątkowski 2010: Naprawa szkód powodowanych ruchem zakładów górniczych)

Types of facilities and costs	MINES						TOTAL			
	hard coal			metal ores						
	number of objects		expenditures	number of objects		expenditures	number of objects		expenditures	% share in general expenditure
	*	* *	PLN thousand	*	* *	PLN thousand	*	* *	PLN thousand	
1	2	3	4	5	6	7	8	9	10	11
Residential buildings	3 740	1 291	89 091.5	149		1 126.7	3 889	1 291	90 218.2	36.353 987
Farm buildings	795	272	7 901.5	41		322.9	836	272	8 224.4	3.314 073 4
Industrial buildings	24	18	5 851.3				24	18	5 851.3	2.357 817 9
Public buildings	138	33	14 095.2	8		653.3	146	33	14 748.5	5.943 000 2
Objects and devices, rail, PKP	54	14	23 734.7				54	14	23 734.7	9.564 045 7
Water supply network	83	17	5 657.3	21	1	2 699.4	104	18	8 356.7	3.367 384 5
Sewer network	47	9	9 182.2	4		65.9	51	9	9 248.1	3.726 579 7
Gas network	23	8	1 248.9	1		1.7	24	8	1 250.6	0.503 937 1
Roads, streets, bridges, viaducts	130	22	28 066.1	8		48	138	22	28 114.1	11.328 752
Other objects	1 314	160	21 956.1				1 314	160	21 956.1	8.847 347 7
Substitute non — residential construction									0.0	0.0
Replacement housing construction	1	1	1 835.0				1		1 835.0	0.7
Preventive protection (total) including:		1 209	30 703.1		286	3 925.1		1 495	34 628.2	14.0
a) housing development		1 158	26 042.6		257	1 915.3		1 415	27 957.9	11.3
b) social infrastructure		39	2 315.1		29	2 009.8		68	4 324.9	1.7
c) technical infrastructure		12	2 345.4					12	2 345.4	0.9
Sum:	6 349	1 845	239 322.9	232	1	8 843.0	6 581	1 845	248 165.9	100.0

本章参考文献

[1] KNOTHES. The equation of the final subsidence trough[J]. ArchiwumGórnictwai Hutnictwa,1953.

[2] KNOTHES. Observations of surface movements under influence of mining and their theoretical interpretation[C]//Proceedings of the European Congress on Ground Movements,Leeds,UK,1957.

[3] LITWINISZYN J. Mining-induced rock movements considered as a stochastic process [J]. Freiberger Forschungshefte,1956.

[4] KATELOE H J. A contribution to the prediction of mining-induced ground movements considering discontinuous face advance[J]. Transactions of the Strata Mechanics Research Institute,2018,20(1):45-58.

[5] KWINTA A,HEJMANOWSKI R,SROKA A. A time function analysis used for the prediction of rock mass subsidence [C]//Mining Science and Technology. Guo & Golinski. Balkema,Rotterdam,Netherlands,1996.

[6] SCHOBER F. The calculation of ground movement above cavernous cavities with respect to global volume convergence[D]. Dissertation TU Clausthal,Germany,1982.

[7] SCHOBER F,SROKAA. The calculation of ground movements over caverns taking into account the temporal convergence and rock behavior[J]. Kali und Steinsalz, 1983.

[8] SROKA A,SCHOBER F,SROKA T. General relations between chosen volume of extracted cavity and a volume of subsidence surface, using a time function[J]. Ochrona Terenów Górniczych,1987.

[9] SROKA A. Dynamika eksploatacji górniczej z punktu widzenia szkód górniczych, Habilitation treatise[M]. Instytut Gospodarki Surowcami Mineralnymi i Energią, Polska Akademia Nauk, 1999.

[10] FISCHER P,SROKA A,BALLHAUS N,et al. 3D GPS measurements of mining-induced ground movements[J]. VDF Führungskraft,1997.

[11] 邓喀中,谭志祥,姜岩. 变形监测及沉陷工程学[M]. 徐州:中国矿业大学出版社,2014.

[12] FISCHER P. Untersuchung über das Verhalten von Schaechten im nicht standfesten Deckgebirge unter bergbaulicher Zwaengung am Beisbiel des niederrheinisch-westfaelischen Steinkohlengebirges[D]. Dissertation,TU Freiberg,2006.

[13] KRATZSCH H. Bergschadenkunde[M]. Deutscher Markscheider-Verein e. V., Bochum, 2008.

[14] PREUSSE A. Markscheiderische analyse und prognose der vertikalen beanspruchung von schachtsaueulen im einwirkungsbereich untertaegigen steinkohlenabbaus[D]. Dissertation, TU Clausthal,1990.

[15] DZEGNIUK B,PIELOK J,SROKA A. Sicherung des schachtausbaus waehrend des

abbaues von schachtsicherheitspfeilern[J].Das Markscheidewesen Nr.2,1980.

[16] SROKA A,KNOTHE S T,TAJDUS K,et al.Mining exploitation planning inprotective pillars of mine shafts[C]//Proceedings of 34th International Conference on Ground Control in Mining:China 2015.Beijing: Science Press, 2015.

[17] 吕泰和.井筒与工业广场煤柱开采[M].北京:煤炭工业出版社,1990.

[18] HENRYK G.岩层力学理论[M].张玉卓,译.北京:中国科学技术出版社,2001.

[19] 中国科学技术情报研究所.出国参观考察报告:波兰采空区地面建筑[M].北京:科学技术文献出版社,1979.

[20] 刘天泉,周家俊.矿井保安煤柱的开采与地面建筑物的加固[M].北京:中国工业出版社,1966.

[21] 姜岩,PREUSSE A,SROKA A.应用地表移动与矿山开采沉陷学[M].ESSEN:德国矿业出版社,2006.

[22] SROKA A,PREUSSE A,KATELOE H J.Basics on the dimensioning and the extraction of shaft safety zones[C]//24th International Conference on Ground Control in Mining, Mor-gantown, WV,USA,2005.

[23] SROKA A,KNOTHE S,TAJDUŚ K,et al.Point movement trace *vs*.the range of mining exploitation effects in the rock mass[J].Archives of Mining Sciences,2015, 60(4):921-929.

[24] 马振和.盐穴矿区的测量工作[J].中国盐业,2011(6):10-13.

[25] 姜岩,张倬锋,王奉斌.岩盐水溶开采地表移动与变形监测[J].中国盐业,2011(9):24-28.

[26] 陈雨,李晓.盐岩储库区地面沉降预测与控制研究现状与展望[J].工程地质学报, 2010,18(2):252-260.

[27] 徐永梅,姜岩,姜岳,等.岩盐溶腔收敛引起的地表下沉预计[J].中国盐业,2013(3): 32-35.

[28] BÉREST P,BROUARD B.Safety of salt Caverns used for underground storage: blow out; mechanical instability; seepage; cavernabandonment[J]. Oil \ & Gas Science and Technology-Revue De L Institut Francais Du Petrole,2003,58:361-384.

[29] PALLMANN H,Markscheiderische probleme bei der bearbetung von oelkavernen [J].Markscheidewesen,1984.

[30] PALLMANN H.Horizontale punktbewegungen aus messungen ueber salzkavernen [J]. Markscheidewesen,1990.

[31] HENTSCHEL J.Erfahrungen beim umschlag und lagerbetrieb fluessigkeitsgefuellter salzkavernen unter beruecksichtigung betrieblicher messungen in der IVG-Kavernenanlage Etzel[J].Markscheidewesen,1984.

[32] HAUPT W, SROKA A,SCHOBER F.Die wirkung verschiedener konvergenzmodelle für zylin-derförmige kavernen auf die übertägige senkungsbewegung[J].Das Markscheidewesen, 1983,90(1):159-164.

[33] SCHOBER F,SROKA A,HARTMANN A.Ein konzept zur senkungsvorausberechnung über kavernenfeldern[J].Kali u. Steinsalz Bd,1986,9(11):364-369.

[34] SCHOBER F,SROKA A.Zur langzeitbelastung über-und untertägiger anlagen beispeicher-und deponiekavernen[J].Kali u. Steinsalz，Heft,1986,12:408-414.

[35] SROKA A,MISA R,TAJDUŚ K,et al.Forecast of rock mass and ground surface movements caused by the convergence of salt caverns for storage of liquid and gaseous energy carriers[C]//Geokinematischer Tag Freiberg,2016.

[36] SROKA A,MISA R,TAJDUS K.Modern applications of the Knothe theory in calculations of surface and rock mass deformations [J]. Transactions of the Strata Mechanics Reserrch Institute,2018,20(2):111-122.

[37] SROKA A. Ein beitrag zur vorausberechnung der durch den grubenwasseranstieg bedingten hebungen[C]//Altbergbau-Kolloquium,VGE Verlag Glückauf GmbH,Essen,2005.

[38] FENK J, TZSCHARSCHUCH D. Zur berechnung flutungsbedingter hebungen der tagesobflaeche[J].Markscheidewesen,2006.

[39] FENK J.Eine analytische loesung zur berechnung von hebungen tagesobflaeche bei flutung unterirdischer bergwerkanlagen[J].Markscheidewesen,2000.

[40] FENK J. Neue erkenntnisse und fragen zum prozess flutungabedingter bodenbewegungen[J]. Markscheidewesen,2009.

[41] SROKA A. Ein beitrag zur vorausberechnung der durch den grubenwasseranstieg bedingten hebungen[M].Altbergbau-Kolloquium, TU Clausthal,2005.

[42] CARO CUENCA M,HOOPERA J,HANSSENRF.Surface deformation induced by water influx in the abandoned coal mines in Limburg,The Netherlands observed by satellite radar interferometry[J].Journal of Applied Geophysics,2013,88:1-11.

[43] WHITTAKER B N,REDDISH D J.Subsidence -occurrence,prediction and control[M]. Amsterdam:Elsevier,1989:V-VI.

[44] CHILINGARG V,DONALDSON E C,YEN T F.Subsidence due to fluid withdrawal[M]. NewYork:Elsevier Science,1995.

[45] FOKKER P A,VAN LEIJEN F J,ORLIC B,et al.Subsidence in the Dutch wadden sea[J].Netherlands Journal of Geosciences,2018,97(3):129-181.

[46] TIAN HONG,DENG JINGEN,ZHOU JIANLIANG,et al.Reservoir compaction and surface subsidence induced by petroleum extraction [J]. Rock and Soil Mechanics,2005,26(6):929-936.

[47] FJAER E,HOLT R M,HORSRUD P,et al.Petroleum related rock mechanics[M]. 2nd edition.Developments in Petroleum Science 53,Elsevier,2008.

[48] KETELAAR V B H.Satelliteradar interferometry:subsidencemonitoring techniques [M].Dordrecht:Springer,2009.

[49] FERRETTI A,PRATI C,ROCCAF.Permanentscatterers in SAR interferometry [J].IEEE Transactions on Geoscience and Remote Sensing,2001,39(1):8-20.

[50] FERRETTI A.Satellite InSAR data reservoir monitoring from space:Education tou seriers 9[M].EAGE Publication,the Netherlands,2014.

[51] GEERTSMAJ.Land subsidence above compacting oil and gas reservoirs[J].Journal

of Petroleum Technology,1973,25(6):734-744.

[52] FOKKER P A,ORLICB.Semi-analytic modelling of subsidence[J].Mathematical Geology,2006,38(5):565-589.

[53] JIANG YAN,TIAN MAOYI.Prediction of subsidence caused by exploiting oil and gas[J].Journal of Liaoning Technical University,2003,6:646-648.

[54] TAHERYNIA M H,FATEMI AGHDA S M,GHAZIFARD A,et al.Prediction of subsidence over oil and gas fields with use of influence functions (case study:south pars gas field,Iran)[J].Iranian Journal of Science and Technology,Transactions A:Science,2017,41(2):375-381.

[55] SROKA A,TAJDUŚ K.Calculation of development area of oil and gas reservoir[J].Drilling,Oil,Gas,2019,26:326-335.

[56] 张华兴.煤矿开采损害的评价与防护[J].煤矿开采,2015,20(3):1-2.

[57] 谭志祥,邓喀中.煤矿开采损害技术鉴定方法[J].煤矿安全,2006,37(5):29-31.

[58] 徐乃忠,高超,刘贵,等.采动影响区房屋损害地表移动变形临界值研究[J].煤矿开采,2017,22(4):65-69.

[59] 王金庄,邢安仕.判别煤矿开采损害的理论与实践[J].矿山测量,1998(4):7-11.

[60] 胡炳南,张华兴,申宝宏.建筑物、水体、铁路及主要井巷煤柱留设与压煤开采指南[M].北京:煤炭工业出版社,2017.

[61] HELLER W.Bundesberggesetz-Taxtausgabe mit einfuehrenden vorworten[M].Essen:Verlag Glueckauf GmbH,2002.

[62] FRENZ W.Bundesberggesetz kommentar[M].Berlin Erich Schmidt Verlag,2019.

[63] FRENZ W.Bergschadenshaftung für den klimawandel in peru[J].Jahrbuch des Umwelt- und Technikrechts.Berlin Erich Schmidt Verlag,2018.

[64] SCHUERKEN D.Bewertung von bergschaeden und setzungsschaeden an gebaeuden[M].Theodor Oppermann Verlag,1995.

[65] KULCZYCKI Z,PIATKOWSKI W.Naprawa szkód powodowanych ruchem zakładów górniczych w 2008 r[J].Bezpieczeństwo pracy i ochrona środowiska w górnictwie,2009,9(181):3-14.

[66] KULCZYCKI Z,PIATKOWSKI W.Naprawa szkód powodowanych ruchem zakładów górniczych w 2009 r[J].Bezpieczeństwo pracy i ochrona środowiska w górnictwie,2010,9(193):12-21.

[67] SZYGULSKI P. Górnictwo:jak fedrować, by zminimalizować szkody? [R].wnp.pl portal gospodarczy,2014.